固体废物
全过程管理与实验

主编　朱熙

WUHAN UNIVERSITY PRESS
武汉大学出版社

图书在版编目(CIP)数据

固体废物全过程管理与实验/朱熙主编.—武汉：武汉大学出版社，
2025.8
ISBN 978-7-307-24144-2

Ⅰ.固… Ⅱ.朱… Ⅲ.固体废物管理 Ⅳ.X32

中国国家版本馆 CIP 数据核字(2023)第 221678 号

责任编辑:黄金涛　　　　责任校对:汪欣怡　　　　版式设计:马　佳

出版发行：**武汉大学出版社**　　(430072　武昌　珞珈山)
　　　　　(电子邮箱：cbs22@whu.edu.cn　网址：www.wdp.com.cn)
印刷:武汉图物印刷有限公司
开本:787×1092　1/16　印张:10.75　字数:210 千字　插页:1
版次:2025 年 8 月第 1 版　　2025 年 8 月第 1 次印刷
ISBN 978-7-307-24144-2　　定价:49.00 元

前　　言

固体废弃物实验教程为固体废弃处理与处置、固体废物资源化等课程的配套实验教材。本书在固体废物实验教程基础上，结合现在固体废物管理需求，考虑实验室、田间等多场景采样特点，从固体废物的收集、处理到资源化利用多角度收集实验素材，编写《固体废物全过程管理与实验》一书。

本书包括五个部分，引言归纳了固体废物产生、收集、储存、运输和再利用全过程管理需求及相关管理法规。第二章固体废物实验设计方法部分，收集固废科研及工程常用设计方法，从方法介绍、应用过程和数据处理需求等角度进行归纳。第三章实验数据与误差处理方法归纳了数据收集与实际考虑、检出限与定量限、误差基本概念与分析数据处理等内容。第四章专业实验考虑基础性操作需求选取了五类实验，从实验基本应用概述、实验设计过程、思考与讨论角度进行编写，并设计实际案例。第五章综合性设计实验则充分考虑固体废物的宏观管理特点，结合特色固废类型，收集城市生活垃圾、地表沉积物、电子废弃物、粉煤灰及农林废弃物相关资料，设计五类综合设计型实验。根据当前高等教育教学改革的发展趋势和对学生创新能力培养的要求，本教程力求做到简单易行，但又不失实验项目实用性、科学性和综合设计性的特点，基于现有较为成熟的实用技术，致力从理论到实践的过渡桥梁作用。本教材可作为环境科学与工程、环境管理等专业"固体废物处理与处置"、"固体废物处理工程"、"高级固废废物管理"等课程的配套实验教材，也可供从事固体废物管理相关工作的人员阅读和参考。

感谢课题组成员的积极参与支持，其中由刘思齐(第一、二章)、王倩(第三章)、田嵘(第四章)、余伟贤(第五章)进行初稿撰写，宋思源、何叶、蔡梦瑶参与二稿校订。

C O N T E N T S 目 录

第 1 章　引言

1.1　固体废物的产生

1.1.1　固体废弃物的定义

固体废弃物大多数源自于人类的生产生活与消费活动，人类在生产加工产品的过程中必然会产生废物，任何商品在经过使用和损耗之后，最终也将成为废品。事实上仅有约 10%~15% 的物质以装备器材、建筑物原材料等形式堆积起来，剩余的均以废物的形式存在。例如在美国投入市场使用的食品包装袋等，在几周以后就会变成垃圾，而空调、电视机等家用电器平均 5~9 年就会变成废物，房屋建筑的使用年限最长，但几十年甚至上百年后都会变成废物。随着我国城镇化的进一步加快，市民生活水平和生活习惯的日益变化，固体废弃物的类型和规模也与日俱增，固体废弃物呈现出数量大、性质杂、污染广等特征，在产量控制、分类管理、高附加值循环利用等方面均存在难题。

1995 年版本的《中华人民共和国固体废物污染环境防治法》（下文简称固体废物法）把固体废弃物的定义确定为：生产建设、生活或是其他活动所形成的，危害环境的固态、半固态废弃物质。2004 年、2013 年、2015 年、2016 年修订的《固体废物法》进一步确定了废弃物管理与使用的概念，确定了固体废物的概念具体如下：固体废物是指在生产、生活和其他活动过程中所形成的丧失原有使用价值或者虽未丧失原使用价值但却已经被抛弃或者放弃的固态、半固态和置于容器中的气态的物品、物质以及法律、行政法规规定要求纳入固体废物管理的物品、物质。而在 2020 版《固体废物法》中则强调了废弃物循环利用产品的归属问题，将固体废物的界定如下：固体废物是指在生产、生活和其他活动中产生的丧失原有利用价值或者虽未丧失利用价值但被抛弃或者放弃的固态、半固态和置于容器中的气态的物品、物质以及法律、行政法规规定纳入固体废物管理的物品、物质。经无害化加工处理，并且符合强制性国家产品质量标准，不会危害公众健康和生态安全。

从时间方面看，固体废物中的"废"只是相对于目前的科技水平和经济发展条件，由于科学技术的快速发展，物质资源已无法满足人们的生活需要，昨天的垃圾势必又将成为明天的物质资源。从空间方面讲，废物仅对某一方面的事物没有使用价值，并不是整个过程或每个方面的事物都没有使用价值。我国的不少地区都已经建立了垃圾回收利用工厂，如利用粉煤灰制砖、使用高炉渣制造混凝土、从电镀污泥中回收贵重金属材料等。所以，固体废物亦称为"被放错地方的资源"。从物质形态上划分，废物可分为固态、液态和气态。而大部分液态和气态的废弃物掺杂在水和空气中，并直接或经处理后进入到水体或大气中。也被称为废水和废气，从而成为水环境和大气环境管理体系中的内容。无法进入水体的液态废物和无法排入大气的置于容器中的气态废物危害极大，在我国已经被纳入至固体废物管理体系。

1.1.2 固体废弃物的分类及来源

按组成结构划分，固体废弃物可划分为有机废物和无机废物；按其形态可分为固态废物、半固态废物和液态(气态)废物；按其污染特性可分为危险废物和一般废物等。本书依据《中华人民共和国固体废物污染环境防治法(2020年修订)》将固体废弃物分为城市生活垃圾、工业固体废物、建筑垃圾、农业固体废物和危险废物。

1.1.2.1 城市生活垃圾

城市生活垃圾通常指人类在日常生活中或者为日常生活提供服务的活动中所形成的固体废物，以及相关法律中明确将其视为城市生活垃圾的固体废物，如厨余物、家庭废弃的纸张、塑料制品、金属、玻璃、家电、庭园废物等。城市生活垃圾来源十分复杂，不仅来自于居民的家庭生活，而且还有工作、校园、街道等公众场合所形成的生活垃圾，有机物含量高。居民的生活方式及水平、消费偏好、季节、气候、国家政策等都会影响城市生活垃圾的组成及来源。

城市生活垃圾来源及构成十分复杂，因此需要进行垃圾分类，用不同的方式针对性地处理垃圾。根据城市生活垃圾的特性进行划分，按可燃性分为可燃垃圾与不可燃垃圾；按发热量分为高热值垃圾与低热值垃圾；按化学性质分为有机垃圾与无机垃圾；按可堆肥性分为可堆肥垃圾与不可堆肥垃圾。另外，评价垃圾质量分类指标的方法有成分分析法、元素分析法和容重分析法等，这些方法将在后面的章节论述。研究报告及书籍通常将城市生活垃圾按照其组成部分划分为：

①食品垃圾，基本来自于厨余物，是居民生活垃圾的重要组成部分；

②普通垃圾，也叫零散垃圾，是居民在日常生活中产生的纸、塑料、玻璃、木片等日用废物。

③庭院垃圾，指枝条、叶子和院子里可清理的其他杂物；

④清扫垃圾，指在城市公共露天场地上的环卫工作，如环卫工、环卫车所清扫收集的垃圾；

⑤商业垃圾，指在具有商业性质的场所中产生的垃圾，如菜市场、餐饮店等地；

⑥建筑垃圾，指城市建筑物、构筑物等在拆除、建设和维修时产生的垃圾；

⑦危险垃圾，其定义及鉴别参见第一篇第一章第三节；

⑧其他垃圾，是除以上各类源以外的场所排放的垃圾总称。

其中，①、②两项统称为家庭垃圾，是城市生活垃圾研究的重点，亦是城市垃圾回收利用的主要对象。

但在现实生活中应用最多的是根据城市垃圾处理方式以及资源回收利用难易程度来对城市生活垃圾加以划分，例如我国很多城市采用"四分法"对生活垃圾进行分类，将生活垃圾分为有害垃圾、可回收物、厨余垃圾、其他垃圾四类。《中华人民共和国固体废物污染环境防治法（2020 年修订）》第四十三条规定："县级以上地方人民政府应当加快建立分类投放、分类收集、分类运输、分类处理的生活垃圾管理系统，实现生活垃圾分类制度有效覆盖。"许多省市在本规范的指导下也进行了试点实践活动，例如上海将生活垃圾分为可回收物、有害垃圾、湿垃圾和干垃圾四类。《上海市生活垃圾管理条例》中规定，湿垃圾即易腐垃圾，干垃圾即其他垃圾。深圳把家庭厨余垃圾作为重点对象加强管理，将生活垃圾分成四大类别：厨余垃圾、可回收物、有害垃圾和其他垃圾，并初步建成生活垃圾"大分流"体系，利用专业的分流手段为垃圾的焚烧与填埋"减负"。但西南和西北地区的一些省市则因为垃圾处理设施的不完善和生活条件的特殊性，现阶段采取"三分法"：四川广元将垃圾分为可回收、不可回收及有害垃圾；陕西咸阳将其分为有害垃圾、可回收物和其他垃圾；西藏拉萨将其分为有害垃圾、可回收垃圾和易腐垃圾。

札记

1.1.2.2 工业固体废物

工业固体废物是指在工业生产过程中排入环境的废渣、粉尘等废物，包括一般工业废物和工业有害固体废物，工业废物的类型随着工业化进程中的工艺和市场需求而变化，类型繁多且数量不定。下文介绍的主要是部分典型一般工业废物，纳入危险废弃物部分的有害工业废物将在危险废物相关章节介绍。

1. 冶金工业固体废物

（1）炼铁固体废物

在高炉炼铁时需要加入助熔剂，由此产生大量非金属渣，因为这些渣比铁水轻所以能漂浮在铁水上，最后再排出炉外形成高炉渣；另外一小部分是经煤气净化塔处理而来的尘泥及原料场、出铁场收集的粉尘。

（2）炼钢固体废物

主要包括钢渣、炉渣和净化系统收集的含铁尘泥，以及少量焚烧后残余的原料等。按炼钢方法分，可分为转炉钢渣、平炉钢渣和电炉钢渣；按不同生产阶段分，可分为炼钢渣、浇铸渣与喷溅渣。在炼钢渣过程中，平炉炼钢又分初期渣与末期渣，电炉炼钢分为氧化渣与还原渣；根据熔渣属性分，可分为碱性渣、酸性渣等。

（3）轧钢固体废物

主要包括在热轧厂内产生的大量氧化铁皮，以及用于去除氧化铁皮的各种酸的废液。而热轧产品为了改善外观品质，在冷加工以及钢材镀层之前，先去除炉内形成的大量热轧氧化铁皮。去除氧化铁皮的方法主要有机械法和化学法。化学法是对钢材进行酸洗，当酸洗液中的铁盐浓度超过规定浓度后，将形成的废酸排出。

（4）铁合金固体废物

铁合金是辅助钢铁生产的重要原材料，不仅用于炼钢脱氧还可以掺入钢铁中以增强钢材的强度和性能。主要有火法和湿法两种冶炼方法，前者经炉口排出废渣；后者包括生产金属铬时产生的铬浸出渣、工业生产五氧化二钒产出的钒浸出渣等。

（5）烧结固体废物

将铁矿粉、焦粉和石灰按规定配比搅拌均匀，经过焙烧处理后形成了具有一定强度和粒度的烧结矿。

（6）重有色金属冶炼固体废物

1958 年我国将铁、锰、铬以外的 64 种金属和半金属划为有色金属。按照物理化学特性和提取方法，分为轻有色金属、重有色金属、贵金属和稀有金属 4 大类。其中，重有色金属是指相对密度在 4.5 以上的有色金属，主要包括铜、铅、锌、镍、钴、锡、锑、汞、镉等。重有色金属在冶炼和加工过程中会排出固体或泥状的废弃物。例如湿法冶炼在浸出时产生各种浸出渣，净化时产生各类净化渣；火法冶炼有各种炉渣、浮渣及烟尘、粉尘等；电冶金有电炉渣，电解则有阳极泥。

（7）铝工业固体废物

铝工业在我国已形成较为完善的生产管理体系，主要产品有氧化铝、金属铝和铝材，不同的产品有不同的生产工艺，从而形成了不同的固体废物。常见的固体废物包括赤泥、残极及熔炼浮渣等，后者能返回生产流程中，而前两者则会对周边环境造成危害。

①氧化铝，铝土矿经过拜尔法、烧结法和联合法三种方法生产出氧化铝，生产过程中会产生名为赤泥的红色固体废物，其中拜尔法生产流程见图 1.1。

②金属铝，氧化铝经电解还原成为铝，由于电解槽寿命有限，在电解过程中会产生大量废渣，如废炭块、被腐蚀的耐火砖和保温材料等，其生产流程示于图 1.2。

（8）稀有金属冶炼固体废物

稀有金属顾名思义即含量稀少的金属，共有 40 余种，它们难以富集成矿、提取冶炼较困难，包括 5 个亚类：稀有轻金属（如锂、铍等）、稀有难熔金属（如钨、钼、铌、钽、锆等）、稀有分散金属（如镓、铟、锗、铊等）、稀土金属（如钪、钇、镧等）以及稀有放射性金属（如钍、铀等）。由于矿石成分复杂，提纯出高纯金属困难，所以在冶炼过程中会产生各类固体废物，如湿法冶炼时有铜钒渣、铝铁渣等各种金属残渣；火法冶炼时则有排出炉的原渣、浮渣及烟尘等。

2. 能源工业固体废物

主要包括燃煤电厂在生产加工过程中产生的粉煤灰、炉渣、烟道灰、采煤及洗煤过程中产生的煤矸石等。

3. 石油化学工业固体废物

主要包括石油及加工工业产生的油泥、焦油页岩渣、废催化剂、废

札记

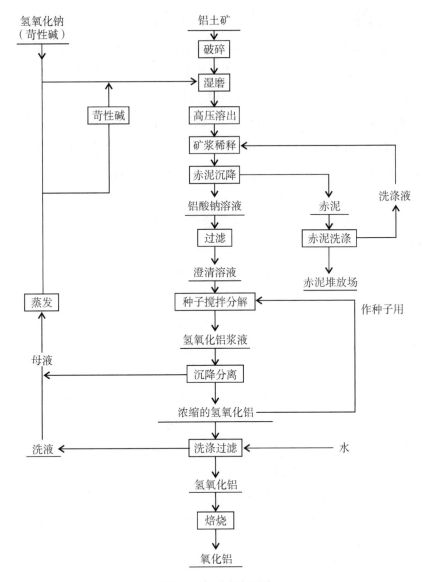

图 1.1　拜耳法流程图

有机溶剂等，化工制造生产过程中形成的硫铁矿渣、酸渣碱渣、盐泥、
釜底泥、蒸馏残渣以及医药和农药生产过程中产生的医药废物、废药
品、废农药等。

化学工业固体废物是指在化学工业生产过程中产生的固态、半固态
或浆状废物，以及经化合、分解、合成等化学反应所产生的不合格产品
（包括中间产品）、副产物、失效催化剂、废添加剂、未反应的原料及

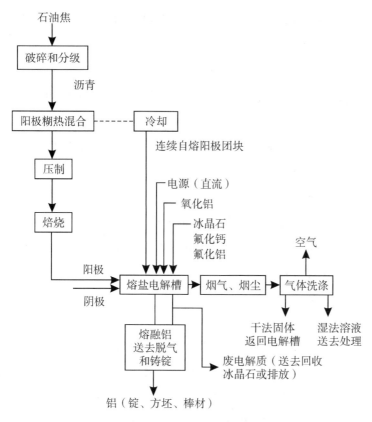

图 1.2　铝电解流程图

原料中夹带的杂质等直接从反应装置排出的或在产品精制、分离、洗涤时由相应装置排出的化学工艺废物。此外，还包括空气污染控制系统排出的粉尘；污水处理产生的污泥；设备检修所产生的固体废物以及损坏的仪器设备和其他工业垃圾等。

4. 矿业固体废物

主要包括开采中从主矿剥离下来的废石以及分选出精矿后废弃的尾矿。金属矿山开采出的矿石一般是从矿床或精矿中直接开采出来的，它是由低品位矿石通过破碎、磨矿、分选、富集等工序生产出来。但由于我国大多数金属矿山品位较低，必须经过破碎、磨矿和分选等多道工序，分选出含有用金属的精矿后才能开始冶炼，这个过程中会排出大量尾矿，这便是选矿过程中产生的固体废物。矿山固体废物主要是指各类矿山在开采过程中所产生的剥离物和废石，以及在选矿过程中所排弃的尾矿。由于有色金属矿石的金属含量一般品位都较低，因而开采矿石必须经过选矿，才能得到高品位的金属精矿粉。随着矿产资源利用程度的提高，可开采矿石的品位降低，使得尾矿量激增。

5. 轻工业固体废物

主要指食品工业、造纸印刷工业、纺织印染工业、皮革工业等工业加工过程中产生的污泥、动物残物、工业废水以及其他废物。

6. 其他工业固体废物

本节所介绍的其他工业固体废物主要是指煤矸石、粉煤灰、水泥厂窑灰及放射性废物。

（1）煤矸石

煤矸石是夹在煤层中的岩石，是采煤和选煤过程中排出的固体废物，主要包括采煤产生的原矸、洗煤厂产生的洗矸、人工挑选的捡矸和堆积在大气中经过自燃的红矸四类。

（2）粉煤灰

粉煤灰主要是以煤粉为燃料的火力发电厂和城市建设集中供暖的煤粉锅炉，包括湿灰、干灰、调湿灰、脱水灰和细灰这五类。目前我国主要以湿灰为主，但其中也存在不少弊端，如湿灰的生物活性低，不但费水、费电、污染环境，而且也不利于综合利用。因此采用高效率除尘器、设置干灰收集装置等措施将成为今后的主流处理方式。

（3）水泥厂窑灰

用湿法、干法、半干法等方法进行回转窑水泥生产时，常伴随有大量窑灰排出，窑灰经过窑外分解及收尘设备重新收集回窑炉，但同时受到技术以及设备等的限制，部分窑灰通过烟囱排入大气中，对环境造成污染。

（4）炉渣

主要是燃煤锅炉燃烧过程所形成的块状废渣。

（5）放射性废物

主要来自核能开发、核技术应用、以及伴生放射性矿物开采利用这三大领域。

①核能开发领域，主要是核能发电，在核能转化为电的过程中，会产生大量的放射性污染和热污染。

②核技术应用领域，由于核技术覆盖对象和使用范围广泛，在使用过程中必然会释放出相应的放射性废物和废放射源。

③伴生放射性矿物资源开采利用领域，某些有色金属、稀土有较高的天然放射性物质，在开采及加工活动中，容易导致深埋于地底的天然放射性物质上升至地表以上，使生活环境中的放射性物质增多，影响环境质量且危害人体健康。

1.1.2.3　建筑垃圾

建筑垃圾，是指建设单位或施工单位新建、改建、扩建和拆除各类建筑物、构筑物、管线等，以及居民装饰装修房屋过程中产生的弃土、弃料和其他固体废物。这一类固体废物在《中华人民共和国固体废物污染环境防治法》（2016 年修订）中被合并至城市生活垃圾这一类，在 2020 年修订版中单独列出来进行规定，因此本书也将其单列说明。《固体废物法》第六十二条规定："县级以上地方人民政府环境卫生主管部门负责建筑垃圾污染环境防治工作，建立建筑垃圾全过程管理制度，规范建筑垃圾产生、收集、贮存、运输、利用、处置行为，推进综合利用，加强建筑垃圾处置设施、场所建设，保障处置安全，防止污染环境。"明确规定了建筑垃圾的主管单位为环卫部门，并强调了建筑垃圾的源头减量和综合利用。按照建筑垃圾的来源进行分类，我国建筑垃圾可划分为旧建筑物拆除时所产生的建筑垃圾、现有建筑物装修时所产生的建筑垃圾和新建建筑物在施工时产生的建筑垃圾这三大类，旧建筑物的拆除环节仍是建筑垃圾处理的关键控制点。

1.1.2.4　农业固体废物

农业固体废物是指农作物生产、家禽养殖、农副产品的加工过程以及农民生活中所产生的废物。上述垃圾多来自于城郊及农村地区，通常根据来源划分为农业种植、畜禽水产养殖、农产品初加工固体废物和废旧的农业投入品等，其中前三种以农业生产活动中天然形成的废物为主，多数为生物质，如农作物秸秆、果木花卉剪枝、畜禽粪便、废饲料、玉米芯、果皮等；废旧农业投入品，一般为轻工业产品，与工业固体废物相似，主要来自农业生产的各个环节包括废旧农膜、农药包装袋等。《固体废物法》第六十四条规定，"县级以上人民政府农业农村主管部门负责指导农业固体废物回收利用体系建设，鼓励和引导有关单位和其他生产经营者依法收集、贮存、运输、利用、处置农业固体废物，加强监督管理，防止污染环境。"

1.1.2.5 危险废物

《国家危险废物名录》于 2008 年 8 月起首次施行。2016 年 8 月，完成了第二次修订，明确将家庭过期药品列入名录中。2021 年 1 月第三次修订版本正式施行，明确危险废物的定义如下：

符合下列情形之一的固体废物(包括液态废物)列入本名录中：

(一)具有腐蚀性、毒性、易燃性、反应性或者感染性等一种或者几种危险特性的；

(二)不排除具有危险特性，可能对环境或者人体健康造成有害影响，需要按照危险废物进行管理的。

危险废物对生态环境和人体的潜在危害极大，因此也是固体废物管理的关键。我国的危险废物主要可以划分成 3 种类型，分别为化学药品废弃物、医疗废物以及重金属废弃物。

1.2 中国固体废物管理体制

1.2.1 中国固体废物管理机构

中国固体废物管理体制主管部门是中华人民共和国生态环境部。生态环境部下分设包含固体废物与化学品司在内的多个职能单位，见图 1.3。在立法层面上，主要担负着建立健全生态环境基本制度、拟定立法草案、制定生态环境规范等的立法职责。在监督层面上，面对重大生态环境问题发生时需要开展的工作包括：统筹协调和监督管理；监督管理国家减排任务的实施，制定排污许可制度，履行生态环境保护目标责任制；制定环境污染防治制度并监督管理；审批和颁布生态环境准入许可证，进行环境影响评价；监测生态环境，建立并实施生态环境质量公告制度，建立监测信息网，发布生态环境信息；负责生态环境监督执法，组织开展全国生态环境保护执法检查活动。在经济方面，需要提出和审批生态环境领域固定资产投资规模和方向，调整中央财政性资金安排，并监督指导促进循环经济和生态环保产业发展等。在组织协调方面，主持编制全国生态保护规划，指导协调和监督生态保护修复工作；

组织开展中央生态环境保护督察，建立健全生态环境保护督察制度；组织开展生态环境宣传教育，推动社会组织和公众积极参与生态环境保护。在交流合作方面，积极开展生态环境科学技术工作，组织生态环境重大科研和技术创新工程示范活动，积极推进生态环境技术管理体系建设；开展生态环境国外合作交流活动，组织协调有关生态环境国际条约的管理工作，组织管理涉外生态环境事务，参与全球生态环境治理相关工作。生态环境部要切实履行立法、监管、经济、组织协调的职责，推动并落实污染防治体系的建设。构建以政府为主导、企业为主体、社会组织和公众共同参与的生态环境治理体系，实行最严格的生态保护制度，严格遵守生态保护红线和环境质量底线，切实打好污染防治攻坚战，保障我国生态安全，共同构建美丽中国。

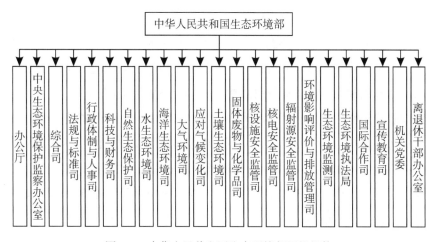

图 1.3 中华人民共和国生态环境部组织机构

生态环境部下设的固体废物与化学品管理技术中心对固体废物拥有管理权。根据其中心职责设置了 7 个二级机构，分别是办公室、党委办公室、综合业务部、固体废物管理技术部、危险废物管理技术部、化学品管理技术部和重金属管理技术部。主要职责如下：

(一)研究制定固体废物的危险防控和环境污染防治政策、法律、规范、标准、技术规范。

(二)围绕固体废物污染防治和环境管理问题展开调查、分析、鉴别、研究，以及相关国际公约履约的技术支持工作。

(三)受生态环境部门的委托，承担危险废物越境转移核准、固体废物进口许可、危险化学品进出口环境管理登记等工作中的技术审核复核任务。

（四）协助生态环境部开展固体废物管理的现场检查、日常监督，以及对废旧电器电子产品拆解处置审核情况的技术复核。

（五）负责"无废城市"建设和尾矿库环境管理的相关研究和技术支持工作。

（六）指导地方固体废物机构的建立及管理。

（七）开展固体废物的信息分析、技术咨询服务、国际交流、宣传培训和社会咨询。

2004 年《全国危险废物和医疗废物处置设施建设规划》颁布，成立固体废物管理中心，并委托原国家环境保护总局进行管理。在立法方面，制定了固体废物污染防治法律法规；承担对全国危险废物集中处置设施运行的监管职责；建立固体废物管理信息系统、指导省级固体废物管理中心的工作；承担协助处理突发性危险废弃物污染事故、开展固体废物污染防治技术培训和咨询等服务工作的协调交流职能。全国各省均以此为基础成立了固体废物管理中心，如吉林省为贯彻、执行固体废物污染防治法律法规成立了吉林省固体废物管理中心，在全省范围内行使管理和监督权，对污染防治行动开展专项检测，发现并整治环境违法行为；拟定固体废物污染防治监管规范；发放和监管危险废物经营许可证；对下属的市、县固体废物管理机构进行业务及技术指导。基于省的要求和指导，各市区也成立了市固体废物管理中心。如九江市生态环境局成立了市固体废物管理中心，主要工作是对全市的固体废物进行监督和管控。

1.2.2 中国固体废物管理现状

《2020 年全国大、中城市固体废物污染环境防治年报》详细阐述了各大城市固体废物的产量，此次共有 196 个城市参与了统计，结果表明我国一般工业固体废弃物产量最大，为 13.8 亿吨，综合利用量 8.5 亿吨，占比 55.9%；处置量 3.1 亿吨，贮存量 3.6 亿吨，处置和贮存分别占比 20.4% 和 23.6%；倾倒丢弃量 4.2 万吨。工业危险废物产生量为 4498.9 万吨，综合利用量 2491.8 万吨，占比 47.2%；处置量 2027.8 万吨，贮存量 756.1 万吨，分别占比 38.5% 和 14.3%。医疗废物产生量为

84.3 万吨，其中产量最大的是上海市，为 55713.0 吨，其次是北京，产量为 42800.0 吨，广州位列第三，27300.0 吨，杭州和成都紧随其后，分别为 27000.0 吨和 25265.8 吨。生活垃圾产生量为 23560.2 万吨，处理量 23487.2 万吨，处理率达 99.7%。

表 1.1 固体废物现状（单位：万吨）

固体废物种类	产量	综合利用量	处置量	贮存量
一般工业固体废物	138000	85000	31000	36000
危险废物	4498.9	2491.8	2027.8	756.1
医疗废物	84.3	—	—	—
生活垃圾	23560.2	—	23487.2	—

根据《固体废物法》2020 年新修订的版本对固体废物分类以及我国固体废物产量现状分析，我们重点需要关注的领域是城市生活垃圾、工业固体废物、危险废弃物等。

1. 城市生活垃圾

《中国统计年鉴》显示 2020 年全国生活垃圾清运量 23511.7 万吨，无害化处理厂有 1287 座，无害化处理量 23452.3 万吨，生活垃圾无害化处理率 99.7%，较往年平稳增长。其中，广东省生活垃圾清运量位居全国之首，高达 3102.5 万吨，比第二位江苏省 1870.5 万吨多出接近一倍。全国生活垃圾无害化处理率达 100% 的省有 20 个，最低的是重庆，有 93.8%。近 3 年来，处理厂数量逐年增加，无害化处理率也随之增加，仅 2019 到 2020 年之间，无害化处理率达 100% 的省就多了 6 个，最低的重庆也从 88.6% 上升至 93.8%。

目前常见的生活垃圾处理方式有卫生填埋、焚烧和堆肥，其中应用范围最广、收运量最大的方式是卫生填埋，而焚烧只能在沿海地区得到一定的应用。根据"十三五"规划的内容，到 2020 年，我国生活垃圾处理方式中，焚烧处理将成为主流，占比将达 54%。我国生活垃圾处理存在垃圾混合回收、处理设施落后、执行力度和公众参与度较低等问题，需要从源头上减少生活垃圾数量，推广垃圾分类，在贮存、运输过程中控制污染。

2. 工业固体废物

《中国固体废物处理行业市场前瞻与投资战略规划分析报告》统计了我国 202 个大中型城市的固体废物产量及分析了处理行业的前景。从时间上看，2013 年我国一般工业固体废物产量高达 23.83 亿吨，而 2017 年下降幅度接近 50%，仅有 13.1 亿吨，较上年同比下降 11.49%，一般工业固体废物产量在逐年减少。但工业危险废物产量却与之相反，一直在随着年份增加而增多，2017 年产量为 4010.1 万吨，较上年同比增加 19.9%。从地区上看，2017 年一般工业固体废物产量最多的是内蒙古自治区鄂尔多斯市，达 7471.9 万吨，与第二、三名城市拉开了显著差距，四川省攀枝花市产量为 5340.1 万吨，紧随其后的同样来自内蒙古自治区，包头市以 4169.6 万吨位列第三。这三座城市总计产量就占全国总量的 7.1%。2019 年有较大变化，陕西、山东、江苏的产量位列前三。2019 年我国工业固体废物处置行业规模已达到 507 亿元，随着我国工业固体废物处置政策不断实施，工业固体废物处置量呈明显上升趋势，2030 年处置规模预计将达到 635 亿元。

工业固体废物的处理方式包括综合利用、贮存、处置和倾倒丢弃等，其中倾倒丢弃方式的效果微乎其微，基本可以忽略不计，故不参与讨论。虽然近几年来，综合利用、处置在一般工业固体废物处理中的占比已大大减少，贮存占比逐年提升，但综合利用仍然是应用最广的主流处理方式。工业固体废物一般为露天堆放，有毒物质会通过雨水或土壤地表径流等方式排入环境中，且在燃烧或搬迁的过程中，粉末物质会对大气产生强烈污染，最后通过化学沉淀等方法流入地表或地下水，从而污染水体。因此需要优化改进生产工艺，引入先进科学技术来改善工业固体废物处理方式，目前我国工业固体废物处理遵循资源化利用原则，减少处理费用，主张通过资源化增加工业固体废物处理的经济效益。为此，我们需要响应国家号召，建立资源节约型处理和协调机制，对资源进行有序、有规划、有节制开发，以此提高利用率。

3. 大宗固体废弃物

大宗固体废弃物是指单一种类产量在 1 亿吨以上的固体废弃物，包括煤矿石、粉煤灰、尾矿、工业副产石膏、冶炼渣、建筑垃圾和农作物秸秆等七个品类资源综合利用重点领域。据统计，2018 年各大工业企业尾矿产生量为 8.8 亿吨，约占一般固体废物产生量的 27.4%；其次是粉煤灰，总量达到 5.3 亿吨，占比为 16.6%；除此之外，产量较大的还有煤矸石、冶炼废渣以及炉渣，产量均在 3 亿吨以上。进入"十二五"期间，国家发展改革委员会认识到大宗固体废物在工业固体废物中的重要地位，为科学合理利用资源，编制并印发了《大宗固体废物综合利用实施方案》。2021 年，十部门联合编制了《关于"十四五"大宗固体废弃物综合利用的指导意见》，明确提到了到 2025 年，煤矸石、粉煤灰、尾矿、冶炼渣、工业副产石膏等大宗固体废物的综合利用能力进一步提高，利用规模不断扩大，新增大宗固体废物综合利用率达到 60%，存量有序减少。

党的十八大以来，我国把自然资源综合利用纳入到生态文明建设总体布局中，并不断完善法规政策，加强生产技术保障，逐步建立健全的标准规范，从而推动自然资源综合利用，产业发展壮大。2019 年，大宗固体废物综合利用率达到 55%，相较于 2015 年提高了 5 个百分点。其中，煤矸石、粉煤灰、工业副产石膏、秸秆的综合利用率分别达到 70%、78%、70%、86%。"十三五"期间，累计综合利用各类大宗固体废物约 130 亿吨，节约利用耕地近 100 万亩，提供了大量资源综合利用产品，并带动了全国电力、石油、电力、钢铁、建筑等领域高质量发展，资源环境和经济效益显著，为提高全国生态环境效率、解决当前地方原材料短缺问题发挥着举足轻重的作用。

"十四五"时期，我国全面建成小康社会，开启了构建社会主义先进制度的全新纪元，中国未来要更加强调经济社会、环境生态的高质量建设，全面提高中国能源效率的任务将越来越紧迫。受生态条件、能源格局、社会经济水平等方面制约，未来我国大宗固体废物仍将面临产生强度过大、开发利用不全面、资源化综合利用生产附加值较低等的巨大问题。目前，大宗固体废物累计堆存量约 600 亿吨，每年新增堆存量近 30 亿吨，堆储存的规模虽不断提高，但利用率却持续走低，赤泥、磷石膏、钢渣等固体废物的堆存占用大量土地资源，存在很大的生态环境与重大安全隐患。如果要深入贯彻落实污染防治和环境管理的相关法律法规，大力推进大宗固体废物源头减量和无害化处置，资源化利用仍然是今后需要重视的领域，强化全链条治理，努力化解环境突出矛盾和难题，在促进能源综合利用领域取得创新进展。

4. 危险废弃物

《国家统计年鉴》显示，2017 年全国危险废物产生量 6581.45 万吨，其中山东以 854.01 万吨的产生量达到全国首位；危险废物综合利用量和处置量 5972.78 万吨，山东 725.97 万吨占据首位；危险废物年末累计贮存量 8881.16 万吨，仅青海省就贡献了 6065.03 万吨。而 2020 年全国危险废物产生量达 7281.81 万吨，利用处置量 8073.73 万吨，年末贮存量 11899.99 万吨。近 3 年内危险废物产量、利用处置量及贮存量逐年上升，但由于产量的增多，年末贮存量也在逐年增多。中国的危险废物产生数量和贮存量都很大，对危险废物的处理和利用较为困难，污染防治压力重。

由于我国危险废物的监管和处置方面法律法规薄弱，对非法获取、处置危险废物牟利的活动缺乏处罚力度，导致违法问题层出不穷，监管不到位。目前中国处置危险废物的主要方法为资源化综合利用，但由于危险废物处置企业规模小，而且处置技术不足，无法达到对危险废物的处理要求，国内资源二次利用和再生企业相对较少，导致了废物处置成本居高不下。

为了达到对危险性垃圾的良好管理效果，需建立合理的管理制度：首先，要建立用于申报登记排放危险废物的管理体系。其次，要以交换危险性垃圾为主要目标，并对相应的区域平台实施奖励；再次，在运输和转运危险废物的流程中，要严格遵守相应的许可证管理制度和联单制度；最后，政府要通过健全法律体系，来为固体废物的合理使用提供保障。从源头控制危险废物的产量，对产生者进行终身追责，强化其主体责任，加大处罚力度。从法制保障层面，要求进一步对《国家危险废物名录》实施调整和动态调整，进一步加强国家危险废物监督管理能力建设，进一步健全国家固体废物信息系统

5. 其他特殊固体废弃物

（1）进口废物

进口废物虽然可以再回收利用变成原料，降低了生产成本、促进了劳动力就业等，但其负面影响也是巨大的。首先，许多不良进口商为牟利大量走私固体废物入境，不仅加大了监管难度，还扰乱了回收资源的市场秩序和固体废物回收体系。其次，随着废物进口量的增加，有害废物和垃圾跨国间转移量也在增加，对环境造成严重的影响；同时在

监管过程中，中小型企业造成的环境问题严重，存在污染量大、污染治理能力不足等问题。

随着《关于全面禁止进口固体废物有关事项的公告》的出台，存在的困境大部分已得到解决，但有关部门仍然需要加强管理、严格执法，尤其是海关，需要严格把控，建立完善的预警和识别机制，严禁进口任何"洋垃圾"。针对中小企业存在的问题，应组织其兼并和联合，提高治理能力和现代化技术水平。

（2）农业固体废物

农业固体废物主要来源于种植业、养殖业、居民生活及农用塑料残膜等。2010—2020年，我国粮食作物播种面积总体处于上升态势，2020年我国粮食作物播种面积约为1.17亿公顷。《第二次全国污染源普查公报》显示，2017年全国秸秆产生量为8.05亿吨，秸秆可采集资源利用量为6.74亿吨，秸秆利用量为5.85亿吨。2020年我国秸秆产生量为7.97亿吨，可收集资源量约为6.67亿吨。而随着中国人口的增长及其居民消费能力的逐渐增强，对禽畜产品的质量要求也不断提升，2020年全国畜禽粪便产生量约为30.4亿吨。

农村固体废物如果不能有效处置，就只能积聚于土地中，不但侵蚀了大部分耕地，而且还会对土地产生严重环境污染。同时由于农业土壤污染，随着雨水和地表径流的相互影响，大量农村固体废物进入了江河、地下渗流，严重污染了自然资源。而家禽所排放出来的粪便中富含大量氨气和氢硫基，以及粪尿中存在的大部分尚未被生物消化吸收的有机质，在无氧环境下溶解为恶臭废气，严重污染了大气环境。因此农村垃圾未能被有效和科学合理地处置是导致农村垃圾环境污染的最主要因素，而资源化利用则是降低农村垃圾环境污染的最主要途径。肥料化利用是农业废弃物资源化利用的最主要方法，其中又以将秸秆机械化还田和将家畜粪便加工制成有机肥作为重要途径，是实现农业垃圾资源化利用的最基本保障。农业固体废物分类整理则是指按照有机废弃物、有毒有害废弃物、可回收废物和不可利用废物分类整理，是农村固体废物再利用的最高效方法，因为可以利用这些方法、降低垃圾产生率、减少垃圾运输量和处理费用、缩短垃圾流程，因此需要推广农业固体废物的分类回收，根据实际情况进行收集和运输。

（3）建筑垃圾

2020 年，全国的旧建筑物在拆迁后所产生的建筑废弃物占 45.08% 左右；施工所形成的废弃物占建筑总垃圾量的 29.52% 左右；建筑装修所产生的建筑垃圾占 25.40% 左右。2020 年公布的《政府工作报告》中，明确提出 2020 年作为棚改拆迁的"收尾之年"，意味着大规模棚改拆迁时代将逐渐退场。前瞻保守预计我国建筑拆除面积 2021—2026 年将保持在 5% 低速增长，前瞻初步测算到 2026 年我国建筑拆除中建筑垃圾的产量将达到 18 亿吨以上。前瞻根据初步预测到 2021 年我国需要处理的建筑垃圾总量将达到 32.09 亿吨，2026 年，产量有望突破 40 亿吨。

当前我国建筑垃圾处置的主流方式为填埋，总体资源化率不足 10%。填埋与堆放不仅占用大量土地导致安全隐患而且会带来一系列环保问题。未来建筑废弃物的处理模式将向就地拆解回填、增加处理利用率、资源化处理等发展。但是因为交通路程较长、管理成本也较高，在很多地方并没有形成强制收运制度机制。今后要完善立法，以法律法规为基础对建筑废弃物实施综合治理和使用，增加投资开发新型环保材料，促进建筑废弃物再生产品大规模、高效率、产业化开发。

1.3　中国固体废物环境管理政策法规

1.3.1　相关法律与国际公约

1.3.1.1　法律

《中华人民共和国固体废物污染环境防治法》（以下简称《固体废物法》）一共进行过五次修改，是中国当前固体废物控制和管理的重点法律依据，在固体废物领域中占据着重要地位。1996 年 4 月 1 日开始实施，并明确了海洋固体废物的适用范围，但具体表示危害海洋环境的高放射性固体废物污染的防治并不适用本法。第一次修订是 2004 年 12 月 29 日，确定了"污染者承担污染防治责任"原则，从生产企业的制造商、经销商、进口方、用户以及自然形成的城市固体废物，逐步实施全流程控制。第二次修订是 2013 年 6 月 29 日，为贯彻中央"放管服"改革的要求，将第四十四条第二款中确有需要封闭、闲置甚至拆迁生活垃圾处置设备、场地的，须经驻地"县区上述"卫生机关和环保部门批准，修改为"市、县"上述卫生机关和环保部门的审批。第三次修订是 2015 年 4 月 24 日，为更加深入贯彻"放管服"改革要求，将第二十五条第一款和第二款中的"主动允许进入"修改为"非限制性进入"，并删去第三款中的"引进纳入主动允许进入名录的固态物质，应当依法办理活动许可证手续"。第四次修订是第四次是 2016 年 11 月 7 日，将第四十四条第二款中"卫生行政部门和环境主管部门批准"修正为"卫生行政部门商环境主管部门认可后批准"。并且还在第五十九条中添加了"跨省、自治州、地级市迁移危险废物的，必须向危险废物移出地省、自治州、地级市人民政府环境保护行政主管部门申报"的条款。第五次修订是 2020 年 4 月 29 日，本次修订对内容进行大幅调整，提高了对城市建筑施工废弃物、农村生活固体废弃物的保护，进一步健全了对各种类固体废物的环境污染防控管理体系，尤其是针对在防控传染病活动中大量出现的医药垃圾，相应地制定了全新的、与时俱进的管理模式，对打赢环境污染防控攻坚战，促进社会主义生态文明发展有着重要意义。

1.3.1.2 国际公约

国际公约是我国法律的起源和参照物，具有和我国法律同等甚至优先适用的地位，两种法律冲突时，优先使用国际公约。目前还在执行的国际公约有《控制危险废物越境转移及其处置巴塞尔公约》、《关于持久性有机污染物的斯德哥尔摩公约》、《关于在国际贸易中对某些危险化学品和农药采用事先知情同意程序的鹿特丹公约》和《防止倾倒废物及其他物质污染海洋的公约》等。

1. 控制危险废物越境转移及其处置巴塞尔公约

第七届全国人民代表大会常务委员会第二十一次会议决定：批准 1990 年 3 月 22 日签署的巴塞尔公约，执行公约的是原国家环保总局。

2020 年 10 月 17 日，第十三届全国人民代表大会常务委员会第二十二次会议决定：批准《〈巴塞尔公约〉缔约方会议第十四次会议第 14/12 号决定对〈巴塞尔公约〉附件二、附件八和附件九的修正》。

时至今日，已获得全球认可的限制危险废物越境迁移的国际协定仅有《巴塞尔公约》，各方在协定的指引与制约下，在危险废物无害性质处理、环境资源性质使用等方面广泛开展与协作，共同管理危险废物的迁移与污染，并力求共同保护自然环境、共同管理环境污染、共同维护人体健康。

2. 关于持久性有机污染物的斯德哥尔摩公约

第十届全国人民代表大会常务委员会第十次会议决定：批准于 2001 年 5 月 22 日在斯德哥尔摩通过的《关于持久性有机污染物的斯德哥尔摩公约》。

《斯德哥尔摩公约》于 2004 年 5 月 17 日生效，要管制对象为持久性有机污染物（POPs），并要求各缔约国的减排义务，随着公约的缔约国数量日益增多，规制的 POPs 也愈来愈多。通过对几次缔约国会议的进一步讨论，现如今公约要求对 22 类 POPs 实施规制。公约要求规定，由缔约国统一管理 POPs 的制造、应用、进出口等，对消除 POPs 起着重要作用，并使 POPs 有了一个基本系统规制。

1.3.2 城市生活垃圾相关政策法规

由于大中城市生活垃圾处理的增加，为完善大中城市处理的组织、运送和管理等工作，2000 年建设部发布了《城市生活垃圾处理及污染防治技术政策》，以进一步提升大中城市处理能力，有效预防污染。在实际执行过程中发现城市生活垃圾数量众多、类别不明，为规范城市生活垃圾的分类、放置、收运和分类评估，2004 年住建部颁布了《城市生活垃圾分类及其评价标准》，使城市生活垃圾规范化、资源化。城市生活废弃物的主要处置方法是填埋，但为了规范管理，原环境保护部在 2008 年出台了《生活垃圾填埋场污染控制标准》，规范了城市生活废弃物填埋场选择、建筑设计和施工、填埋垃圾的入场条件、运营、封场、后期保护以及管理中的环境污染控制技术与监督等方面的内容。在政策引导下，全国的生活垃圾处理系统建设水平和管理能力都得到了很大提升，但由于经济社会发展速度和城市化程度的增加，生活垃圾处理功能已显现缺陷，为了提高全国对生活垃圾的无害化水平，住建部在 2010 年颁布《生活垃圾处理技术指南》，以引导全国各领域按照规范开展对生活废弃物的处置。随着中国社会和经济的发展，日常生活焚烧处理也越来越成为主流，因此原环境保护部 2014 年发布了《生活垃圾焚烧污染控制标准》，明确了生活垃圾焚烧处理厂的选址指标和工艺要求条件。为继续做好城市生活垃圾管理，并建立"邻利"式的高水平卫生活动废弃物焚毁工程，四部委在 2016 年联合发布《关于进一步加强城市生活垃圾焚烧处理工作的意见》。由于焚烧处理量已占全国生活垃圾处理的一半以上，而现行的日常生活垃圾管理标准也已无法满足社会发展需求，因此生态环境部在 2019 年和 2020 年先后出台了《排污许可证申请与核发技术规范生活垃圾焚烧》和《生活垃圾焚烧飞灰污染控制技术规范(试行)》，规定了生活垃圾排放单位环境污染证申领与颁发标准和指导了生活垃圾飞灰的环保管理工作。

札记

表 1.2   城市生活垃圾相关法规

名称	单位	时间	意义	标准规范
城市生活垃圾处理及污染防治技术政策	住房和城乡建设部、国家环境保护总局、科学技术部	2000.5.29	引导城市生活垃圾处理及污染防治技术发展，提高城市生活垃圾处理水平，防治环境污染，促进社会、经济和环境的可持续发展	建城[2000]120 号
城市生活垃圾分类及其评价标准	住房和城乡建设部	2004.12.1	促进城市生活垃圾的分类收集和资源化利用，使城市生活垃圾分类规范、收集有序、有利处理	CJJ/T 102-2004
生活垃圾填埋场污染控制标准	环境保护部、国家质量监督检验检疫总局	2008.7.1	保护环境，防治生活垃圾填埋处置造成的污染	GB 16889-2008
生活垃圾处理技术指南	住房和城乡建设部、国家发展和改革委员会、环境保护部	2010.4.22	保障我国生活垃圾无害化处理能力的不断增强、无害化处理水平不断提高，指导各地选择适宜的生活垃圾处理技术路线，有序开展生活垃圾处理设施规划、建设、运行和监管	建城[2010]61 号

札记

名称	单位	时间	意义	标准规范
生活垃圾焚烧污染控制标准	环境保护部、国家质量监督检验检疫总局	2014.7.1	防治污染,保护和改善生态环境,促进生活垃圾焚烧技术的进步	GB 18485-2014
关于进一步加强城市生活垃圾焚烧处理工作的意见	住房和城乡建设部、国家发展和改革委员会、国土资源部、环境保护部	2016.10.22	建设"邻利"型高标准清洁焚烧项目	建城〔2016〕227号
排污许可证申请与核发技术规范 生活垃圾焚烧	生态环境部	2019.10.24	完善排污许可技术支撑体系,指导和规范生活垃圾焚烧排污单位排污许可证申请与核发工作	HJ 1039—2019
生活垃圾焚烧飞灰污染控制技术规范(试行)	生态环境部	2020.8.27	防治环境污染,改善生态环境质量,规范和指导生活垃圾焚烧飞灰的环境管理	HJ 1134—2020

1.3.3 工业固体废物相关政策法规

随着工业化进程的加快,我国工业生产固体废弃物总量也呈现出持续上升的态势,为了强化政府对工业固体废物的监督管理与控制,原国家环境保护总局在1998年发布了《工业固体废物采样制样技术规范》,对工业生产固体废弃物的取样方法、标本保管与标准管理等做出了初步的指导规定。鉴于我国工业固体废物在加工利用的过程中有关规范不足,极易对环境保护和人体健康造成危害,因此为构建资源节约型、环境友好型社会,国家质量监督检验检疫总局、国家标准化管理委员会在2016年出台了《工业固体废物综合利用技术评价导则》和《工业固体废物综合利用产品环境与质量安全评价技术导则》,进一步规范了对工业生产固体废物资源化综合利用企业的评估准则、评价指标体系、评估方式和程序。在中国企业固态废料资源化综合利用的实践中，因为人们对中国企业固态废料资源化综合利用的概念和含义并不清楚，在实际使用上往往出现了概念混乱、定义错误的现象，因此 2018 年国家质量监督检验检疫总局、国家标准化管理委员会发布《工业固体废物综合利用术语》，进一步明确了中国企业固态废料资源化综合利用概念。由于工业生产固体废物的逐渐增多，以及露天存放等因素而造成的污染问题，为提高生态环境产品质量，2021 年生态环境部、国家市场监督管理总局发布了《一般工业固体废物贮存和填埋污染控制标准》，规定了一般工业固体废物储存场、填埋场的选择、施工、运营、封场、土壤复垦等生产过程的环境条件。

札记

表 1.3 工业固体废物相关法规

名称	单位	时间	意义	标准规范
工业固体废物采样制样技术规范	国家环境保护总局	1998.7.1	加强工业固体废物的控制，规定了工业固体废物的采样技术、样品保存和质量控制	HJ/T 20-1998
工业固体废物综合利用技术评价导则	国家质量监督检验检疫总局、国家标准化管理委员会	2016.7.1	规定了工业固体废物综合利用技术评价的指标体系、评价程序和评价方法	GB/T 32326-2015
工业固体废物综合利用产品环境与质量安全评价技术导则	国家质量监督检验检疫总局、国家标准化管理委员会	2016.7.1	提高工业固体废物综合利用产品的环境表现，提高产品质量安全性，激励固体废物综合利用技术创新、产品升级，提高固体废物利用率，促进资源循环利用	GB/T32328-2015

札记

续表

名称	单位	时间	意义	标准规范
工业固体废物综合利用术语	国家质量监督检验检疫总局、国家标准化管理委员会	2018.5.1	界定了工业固体废物综合利用相关术语和定义，适用于工业固体废物管理、处置与利用等技术	GB/T 34911-2017
一般工业固体废物贮存和填埋污染控制标准	生态环境部、国家市场监督管理总局	2021.7.1	防治环境污染，改善生态环境质量，推动一般工业固体废物贮存、填埋技术进步	GB 18599-2020

1.3.4　大宗固体废物相关政策法规

为贯彻国家"十二五"计划，进一步贯彻节俭资源利用与环保政策，深入推进"十二五"时期的的资源综合利用管理工作，推动循环经济学蓬勃发展，2011 年 12 月 30 日国家发展和改革委员会编制并实施了《大宗固体废物综合利用实施方案》，明确提出了"十二五"资源综合利用管理工作的指导、原则、要点总体目标，同时还明确提出了金属工业、建设和农林业等要点应用领域及其优惠政策，筛选并形成堆储备量大、各种资源性质利用能力大、社会影响范围广的固体废弃物，编制实施方案。随着大宗废物处理水平的提高和社会经济的增长，2021 年发展和改革委员会发布《关于"十四五"大宗固体废弃物综合利用的指导意见》，指明了在"十四五"时期大宗固体废物的回收利用和发展方向，由环资司负责监督实施。

表 1.4　　　　　　　　　　　大宗固体废物相关法规

名称	单位	时间	意义	标准规范
大宗固体废物综合利用实施方案	国家发展和改革委员会	2011.12.30	提高资源综合利用水平，节约和替代再生资源、环节突出环境问题、促进循环经济发展	发改环资〔2011〕2919 号

续表

名称	单位	时间	意义	标准规范
关于"十四五"大宗固体废弃物综合利用的指导意见	国家发展和改革委员会	2021.3.18	进一步提升大宗固体废物综合利用水平，全面提高资源利用效率，推动生态文明建设，促进高质量发展	发改环资〔2021〕381号

1.3.5　危险废弃物相关政策法规

危险废弃物对自然环境和人类健康产生了很大的危害，因此必须重视控制，原国家环境保护总局在2012年发布了《危险废物集中焚烧处置工程建设技术规范》，规定了危险废弃物的焚烧处理工程项目的监督管理范围和方法技术标准。在实践过程中发现危险性物质的不当储存与运送会造成环境污染物泄露，于是2013年出台了《危险废物收集、贮存、运输技术规范》和《危险废物贮存污染控制标准》，对危险废物的包装、贮存设施、选址、运输等方面进行了限制。交通运输和储存的困难缓解后，为实现危险性废物处理的减数字化、信息化和无毒化，2014年原环境保护部颁发《危险废物处置工程技术导则》，规范了危险性废物处理工艺的使用范围及设计、实施、检验、操作控制等工作流程，和所遵循的相关工艺条件与技术要求。危险废物经营许可证管理制度，是中国危险废物监督管理的核心管理制度，2016年国务院出台的《危险废物经营许可证管理办法》对于规范危废物的收集与运营活动、防止环境风险，起到了很大作用。为提高政府对危险废弃物的有效监督管理与处理水平，2019年生态环境部发布《关于提升危险废物环境监管能力、利用处置能力和环境风险防范能力的指导意见》，进一步完善国家危险废弃物环境监管源目录，以推动危废物源头减量和资源化使用。2020年新修订的《危险废物鉴别标准通则》进一步规范了固体废弃物的危险性特征技术指标，并比较旧版更加明晰了鉴定程序；同时更加细化了对危险废弃物混和和再使用处理的后评价规定。此鉴别标准适用于生产、生活和其他活动中产生的固体废物的危险特性识别，液态废物的鉴别，但不适用于放射性废物鉴别。标准由县级以上生态环境主管部门负责监督实施。同年，生态环境部发布《危险废物填埋污染控制标准》，规定了危险性垃圾回填的入场环境，堆填点的选择、设置、施工，以及管理、封场和监测的工作环境条件。2021 年生态环境部发布的《国家危险废物名录》将具备放射性、腐败性、可燃性、反应类、感染性一类或几类危害特征的或不排斥具备危害特征，能够对环境或人类身心健康产生不利作用的固态物质(包含液态物质)全部纳入名单。同时名录还包含《危险废物豁免管理清单》附录，对于其中的危险性废弃物，必须通过所列的豁免内容，并符合一定的豁免要求后，才能根据有关豁免要求的规定进行豁免处理。而对于危险性废弃物和其他材料混合产生的固体废弃物，以及经过危险性废物利用处理后的固体废弃物的性质判断，必须根据有关法律规定的危险性废弃物鉴定要求进行。但对于无法确定是否存在危害特征的固态废品，必须根据我国规定的危害性废品鉴定要求和鉴别方法进行鉴定。因此名录具有实行动态调整性质。而《危险废物储运单元编码要求》则是进一步加强了危险废物贮存和运输的规范性，通过统一编码，便于溯源和管理。由于中国经济社会的迅速发展，原来的垃圾焚烧方式已经无法满足危险性垃圾的处理现状，因此生态环境部在 2021 年发布《危险废物焚烧污染控制标准》，规定了危险性垃圾垃圾焚烧装置的选择、运营、质量控制，和在垃圾储存、配伍及焚烧处理等阶段的生态环保措施规定。

表 1.5   危险废弃物相关法规

名称	单位	时间	意义	标准规范
危险废物集中焚烧处置工程建设技术规范(2012 年修订)	国家环境保护总局	2012.6.7	规范危险废物集中焚烧处置工程建设，防治危险废物焚烧对环境的污染，保护环境，保障人体健康	HJ/T176-2005
危险废物收集贮存 运输技术规范	环境保护部	2013.3.1	规范危险废物收集、贮存、运输过程，保护环境，保障人体健康	HJ 2025-2012

名称	单位	时间	意义	标准规范
危险废物贮存污染控制标准（2013 年修订）	国家环境保护总局、国家质量监督检验检疫总局	2013.6.8	防治污染，保护和改善生态环境，保障人体健康，完善国家环保标准体系	GB 18597-2001
危险废物污染防治技术政策（2013 年修改）	环境保护部	2013.6	为引导危险废物管理和处理处置技术的发展，促进社会和经济的可持续发展	环发〔2001〕199 号
危险废物处置工程技术导则	环境保护部	2014.9.1	规范危险废物处置工程建设和运行，实现危险废物处置减量化、资源化和无害化目标，控制环境风险，改善环境质量	HJ 2042-2014
危险废物经营许可证管理办法（2016 年修订）	国务院	2016.2.6	加强对危险废物收集、贮存和处置经营活动的监督管理，防治危险废物污染环境	中华人民共和国国务院令第 408 号
关于提升危险废物环境监管能力、利用处置能力和环境风险防范能力的指导意见	生态环境部	2019.10.15	切实提升危险废物环境监管能力、利用处置能力和环境风险防范能力	环固体〔2019〕92 号
危险废物鉴别标准通则	生态环境部、国家市场监督管理总局	2020.1.1	防治危险废物造成的环境污染，加强对危险废物的管理，保护生态环境，保障人体健康	GB 5085.7—2019

札记

续表

名称	单位	时间	意义	标准规范
危险废物填埋污染控制标准	生态环境部、国家市场监督管理总局	2020.6.1	防止危险废物填埋处置对环境造成的污染	GB 18598—2019
国家危险废物名录	生态环境部	2021.1.1	便于识别危险废物，推动危险废物科学化和精细化管理，防范危险废物环境风险、改善生态环境质量	生态环境部令第15号
危险废物储运单元编码要求	国家市场监督管理总局、中国国家标准化管理委员会	2021.1.1	规定了危险废物储运单元的编码原则、编码规则、载体要求，便于对危险废物的监控与追踪溯源	GB/T 38920-2020
危险废物焚烧污染控制标准	生态环境部、国家市场监督管理总局	2021.7.1	防治环境污染，改善生态环境质量	GB 18484—2020

1.3.6 其他特殊废弃物相关政策法规

1. 进口废物

为克服资源的紧张问题，中国在早期引进了大量固体废弃物并以此回收再使用，而在同期又引进了部分危险性垃圾，对国内环境产生了很大危害，因此1995年国务院发布《国务院办公厅关于坚决控制境外废物向我国转移的紧急通知》，把垃圾引进分为二类加以严格管制：一种是限制进口的垃圾，一种是由于可以用作工业原材料，但需要严格控制进口数量的垃圾。在实际执行过程中发现，对中国入境废弃物的环保管理工作并没有有关法规，因此国家环保局 1996 年发布《废物进口环境保护管理暂行规定》，严控危害垃圾的进口商品，以严防垃圾进口商品污染环境。同年为进一步管理进口垃圾入境，交通部又出台《关于加强承运进口废物管理的规定》，严格防止有害废物非法进入我国污染环境。2011 年国家质量监督检验检疫总局发布了《进口废物原料检验检疫场所建设规范》，规定了进口可用作原料的固体废物检验检疫场所的建设要求和验收标准，明确了场所的资质要求、场地要求、设施及人员要求。2017 年国务院发布《禁止洋垃圾入境推进固体废物进口管理制度改革实施方案》，方案严格规定固体废物进口管理工作，2017 年年底前，全面禁止进口商品环境保护影响较大、群众反映较强的固态垃圾；2019 年年底前，将逐步暂停引进境内资源可替代的城市固体废物；自 2021 年 1 月 1 日起，全面禁止进口固体废物，由环境保护部、商务部、国家发展改革委、海关总署、质检总局联合牵头实施。由于原材料引进要求和社会经济发展形势的变动，2018 年生态环境部发布修改后的《进口废物管理目录》，将废钢材、银废料块、镁废料块等八大类别固体废物，修改为严格控制我国引进类可用作建筑材料的固体废物清单名录。2021 年环境保护部发布的《关于废止固体废物进口相关规章和规范性文件的决定》是对《禁止洋垃圾入境推进固体废物进口管理制度改革实施方案》的继续落实与延伸，取消了所有固态垃圾进口商品管制措施，从而实现了固态垃圾的零进口。

表 1.6　　　　　　　　　　进口废物相关法规

名称	单位	时间	意义	标准规范
国务院办公厅关于坚决控制境外废物向我国转移的紧急通知	国务院	1995.11.7	坚持保护环境的基本国策，加强对废物进口的管理	国办发（1995）54 号
废物进口环境保护管理暂行规定	国家环保局	1996.3.1	加强对废物进口的环境管理，防止废物进口污染环境	环控〔1996〕204 号

续表

名称	单位	时间	意义	标准规范
关于加强承运进口废物管理的规定	交通部	1996.8.9	加强对进口废物的运输管理,配合国家有关部门防止有害废物非法进入我国污染环境	交通部令〔1996〕第 5 号
进口废物原料检验检疫场所建设规范	国家质量监督检验检疫总局	2011.7.1	规定了进口废物原料检验检疫场所建设的要求和验收原则	SN/T 2753-2011
禁止洋垃圾入境推进固体废物进口管理制度改革实施方案	国务院	2017.7.18	全面禁止洋垃圾入境,推进固体废物进口管理制度改革,促进国内固体废物无害化、资源化利用,保护生态环境安全和人民群众身体健康	国办发〔2017〕70 号
进口废物管理目录(2018 年修改)	生态环境部、商务部、国家发展和改革委员会、海关总署	2018.12.25	进一步规范固体废物进口管理,防治环境污染	公告 2018 年第 68 号
关于废止固体废物进口相关规章和规范性文件的决定	生态环境部	2021.1.21	实现固体废物零进口	部令 第 21 号

2. 农业固体废物

原环境保护部已于 2011 年就农业固体废物问题出台了《农业固体废物污染控制技术导则》,规范了对农村植物性垃圾、家畜饲养垃圾和农业薄膜等三类农村固体废物污染管理的有关政策、技术方法和控制手段等相关内容。应用于指导因农产品种植、牲畜饲养等而产生的固体废物污染防控管理工作，以达到农业固体废物资源化、减定量、无毒化。

表 1.7   **农业固体废物相关法规**

名称	单位	时间	意义	标准规范
农业固体废物污染控制技术导则	环境保护部	2011.1.1	防治农业固体废物污染，改善农村环境质量，促进新农村建设	HJ 588-2010

3. 建筑垃圾

由于中国工业化、城镇化步伐的加速，大中城市建筑物总量也在逐渐增加，国家住房和城乡建设部在 2017 年为了更好地利用建筑垃圾出台了《建筑垃圾再生骨料实心砖》，将建筑垃圾进行加工再制成非烧结实心砖，以此规定了建筑垃圾回收再利用的程序。因为处理过程中出现了不标准化作业，建筑垃圾利用率逐渐降低，进而 2019 年修订了《建筑垃圾处理技术标准》，明确了建筑垃圾处理厂选址、生产能力和容量指标、物资化使用和填埋管理，以提升对建设垃圾减定量、物资化、无毒化的安全处理。由于当前建筑废弃物再生处理的发展趋势，固定式建筑废弃物再生设施、工艺以及厂房建造都受到了社会普遍重视，为此工业和信息化部在 2020 年出台了《固定式建筑垃圾处置技术规程》，规范了固定式建筑废弃物再生的处置过程与工艺技术，以提高其处理能力。

表 1.8   **建筑废物相关法规**

名称	单位	时间	意义	标准规范
建筑垃圾再生骨料实心砖	住房和城乡建设部	2017.2.1	规定了建筑垃圾再生骨料实心砖的术语及定义、分类、原材料、要求、实验方法、检验规则、养护、包装、运输和贮存	JG/T 505-2016

续表

名称	单位	时间	意义	标准规范
建筑垃圾处理技术标准(2019年修订)	住房和城乡建设部	2019.11.1	规范建筑垃圾处理全过程,提高建筑垃圾减量化、资源化、无害化和安全处置水平	CJJ/T 134-2019
固定式建筑垃圾处置技术规程	工业和信息化部	2020.4.1	提高固定式建筑垃圾再生处置厂建设水平,实现建筑垃圾再生处理与利用过程的技术先进、安全可靠、经济合理、绿色环保	JC/T 2546-2019

4. 市政污泥

在城污泥管理方面,2009年出台了《城镇污水处理厂污泥处理处置及污染防治技术政策(试行)》,以提供都市废弃物污泥的科学处置方法,加大投入力求研制出污泥处理新技术。后续针对污水的处置问题,为建立环保科技管理制度,为污水处置工程项目的环境评估、设计、验收和经营管理提供科学依据,原环境保护部在2010年出台《城镇污水处理厂污泥处理处置污染防治最佳可行技术指南(试行)》。同年《关于加强城镇污水处理厂污泥污染防治工作的通知》颁布,《通知》进一步强化了城市污水处理厂的管理职责,建立污泥管理台账和转移联单制度,规范污泥运输。在执行过程中,由于发现了没有配套的管理技术标准,污泥处置水平严重落后,于是2011—2013年相继出台了《氧化沟活性污泥法污水处理工程技术规范》、《序批式活性污泥法污水处理工程技术规范》、《升流式厌氧污泥床反应器污水处理工程技术规范》和《厌氧颗粒污泥膨胀床反应器废水处理工程技术规范》,规范了污泥处理的技术流程。

表1.9 污泥管理相关法规

名称	单位	时间	意义	标准规范
城镇污水处理厂污泥处理处置及污染防治技术政策(试行)	住房和城乡建设部、环境保护部、科学技术部	2009.2.18	推动城镇污水处理厂污泥处理处置技术进步,明确城镇污水处理厂污泥处理处置技术发展方向和技术原则,指导各地开展城镇污水处理厂污泥处理处置技术研发和推广应用,促进工程建设和运行管理,避免二次污染,保护和改善生态环境,促进节能减排和污泥资源化利用	建城〔2009〕23号
关于发布《城镇污水处理厂污泥处理处置污染防治最佳可行技术指南(试行)》的公告	环境保护部	2010.3.1	加快建设环境技术管理体系,推动城镇污水处理厂污泥处理处置污染防治技术进步,增强环境管理决策的科学性,引导环保产业发展	公告 2010年第26号
关于加强城镇污水处理厂污泥污染防治工作的通知	环境保护部	2010.11.26	减少污泥二次污染,强化污水处理厂主体责任	环办〔2010〕157号
氧化沟活性污泥法污水处理工程技术规范	环境保护部	2011.1.1	防治水污染,改善环境质量,规范氧化沟活性污泥法在污水处理工程中的应用	HJ 578-2010

续表

名称	单位	时间	意义	标准规范
序批式活性污泥法污水处理工程技术规范	环境保护部	2011.1.1	防治水污染，改善环境质量，规范序批式活性污泥法在污水处理工程中的应用	HJ 577-2010
升流式厌氧污泥床反应器污水处理工程技术规范	环境保护部	2012.6.1	规范升流式厌氧污泥床（UASB）反应器污水厌氧生物处理工程的建设与运行管理，防治环境污染，保护环境和人体健康	HJ 2013-2012
厌氧颗粒污泥膨胀床反应器废水处理工程技术规范	环境保护部	2013.3.1	规范厌氧颗粒污泥膨胀床反应器废水处理工程的建设与运行管理，防治环境污染，保护环境和人体健康	HJ 2023-2012
关于市政工程污泥干化项目环境影响评价类别问题的复函	环境保护部	2018.10.16	明确河道清淤、建筑施工等市政工程产生的污泥通过压滤方式减少污泥含水率，压滤后的污泥外送处置，压滤废水纳入市政污水处理场处理的方式	环办环评函〔2018〕1129号

5. 电子废弃物

在电子设备废弃物管理方面，2006 年出台了《废弃家用电器与电子产品污染防治技术政策》，提出减少电子废弃物产量，使废物减量化、资源化、无害化。2008 年《电子废弃物污染环境防治管理办法》中更加明确了电子设备垃圾对环保的监督管理措施，并明确了产生电子设备垃圾的单位和个人，都必须履行对电子废弃物环境污染治理的任务责任。后续针对电子垃圾的再回收、运输、贮存等问题，陆续出台各项规范和管理办法，对电子废弃物的回收和污染防治做出了指导，如 2012 年工业和信息化部出台的《电子废弃物的运输安全规范》和《电子废弃物的贮存安全规范》。为完善环境技术管理体系，2016 年原环境保护部发表关于发布《铅蓄电池再生及生产污染防治技术政策》和《废电池污染防治技术政策》的公告，出台了污染防治的指导性文件，建立信息化监管体系。尽管制定了多项技术规范，但家电废弃物的管理与再利用工作仍然沿袭着 2011 年的条例，缺乏时效性，因此国务院在 2019 年修订了《废弃电器电子产品回收处理管理条例》，以规范企业废旧电器电子产品的再利用置换活动，并推行多渠道利用和集中处理的机制。

表 1.10　　　　　　　　电子废物管理相关法规

名称	单位	时间	意义	标准规范
废弃家用电器与电子产品污染防治技术政策	国家环境保护总局、科学技术部、信息产业部、商务部	2006.4.27	减少家用电器与电子产品使用废弃后的废物产生量，提高资源回收利用率，控制其在综合利用和处置过程中的环境污染	环发[2006]115号
电子废弃物污染环境防治管理办法	国家环境保护总局	2008.2.1	防治电子废物污染环境，加强对电子废物的环境管理	总局令 第40号
电子废弃物的运输安全规范	工业和信息化部	2012.7.1	规范电子废弃物在收集、运输、资源再生过程中和处理处置前的存放行为，防止环境污染，促进社会和经济的可持续发展	YS/T 765-2011

续表

名称	单位	时间	意义	标准规范
电子废弃物的贮存安全规范	工业和信息化部	2012.7.1	规定了电子废弃物的贮存方式、贮存安全要求、安全防护与污染控制和应急预案	YS/T 766-2011
关于发布《铅蓄电池再生及生产污染防治技术政策》和《废电池污染防治技术政策》的公告	环境保护部	2016.12.26	完善环境技术管理体系，指导污染防治，保障人体健康和生态安全，引导行业绿色循环低碳发展	公告 2016 年第 82 号
废弃电器电子产品回收处理管理条例（2019 年修订）	国务院	2019.3.18	规范废弃电器电子产品的回收处理活动，促进资源综合利用和循环经济发展，保护环境，保障人体健康	国务院令第 709 号

1.4　固体废物全过程管理

固体废物全过程管理(Integrated Municipal Solid Waste Management, IMSW)是指在固体废物的产生、收集、贮存、运输、利用、处置等全过程的各个环节进行监管，以建立清楚明晰的固态废料环境污染管理工作战略和符合实际状况的固态废料环境污染工作处置技术路径，以避免固态垃圾同时对周围环境造成一次环境污染和二次环境污染。

1.4.1　固体废物全过程管理原则

《中华人民共和国固体废物污染环境防治法》中明确提出，国家对固体废物污染环境的防治实行减量化、无害化和资源化三个原则。

（1）减量化

固体废物控制首先的任务是降低废弃物的产生数量，然后才是采用环境上可行、经济上能负担和社会可承受的手段来控制垃圾的系统。采取政府监管体系、市场机制和社会管理体系建立等手段不断提升固体废物管理并进行可持续的管理。

（2）无害化

无害化处理主要是将危害的固体废物，采用燃烧、热解、氧化还原和填埋等方式，以改善垃圾中有害物质的化学特性，并使转变的无害物或危害物质浓度超过国家所规定的污染标准。它是固体废物管理工作的根本目的和总体要求，减少能耗、资源化是固体废物无害化管理的主要手段，而减少能耗、资源化则服从并服务于无害化。

（3）资源化

2020 年《中国统计年鉴》显示，我国一般工业固体废物产生量为367546 万吨，综合利用量 203798 万吨，综合利用率为 55.45%，产量大、利用率低仍是我国当前固体废物的基本现状。十二五、十三五期间，在国务院层面上陆续出台了关于固体废弃物处理的有关政策规定，直接或间接地促进了固体废弃物的资源化使用，但同时也面临着一些突出的困难和问题亟需克服。2020 年 11 月十四五规划明确指出：促进环境发展，促进人与自然的和谐相处，全面提高能源利用效率，加速形成现代废旧物资回收再处理系统。

1.4.2 固体废物产生过程的管理

1. 行政管理措施

首先要建立相对健全的固体废物监管体系，初步实现固体废物的全过程监督管理，有效控制固体废物环境污染。通过联合有关政府职能部门建立联动机制，逐步完善固体废物管理，结合《环境影响评价技术导则总纲》规定，严格规范建设工程项目环保准入，在工程环境评估阶段提高生产废企业责任主体意识，并确定了固体废弃物环境污染综合防控设施建设条件，进一步规范固体废物污染处理处置的去向。其次，充分运用现代信息化技术手段，利用国家固体废物环境污染监督管理平台有机结合体联网信息技术，对固体废物环境污染实施智能监督管理。

2. 市场机制

在生产末端管理环节上，通过处理利用行为所形成的直接经济收益，激发固体废物产生者及相关市场主体参与固体废物减量化活动的积极性与主动性。同时，通过探索构筑税务调控手段、开展环境强制责任保险试点等工作，带动全国各类产废生产单位主动建立健全环境防治制度，从根源上搞好环境固体废物防控工作。

3. 技术应用

如某净水企业就采用"浓缩+深度机械脱水+热干化"的方法，达到了废水的有效减量化。而某不锈钢公司，则通过应用炼钢集积灰循环处理技术，有效降低了出厂中的集积灰及其含有的镍、铬元素的含量，进而完成了镍、铬的无害化处理。应鼓励企业创新并推行可行技术，加强社会参与，提升减量效果。

1.4.3　固体废物收集过程的管理

固体废物的分级收集是指在鉴定试验结果的基础上，按照固体废物的特点、数量、处理与处置的条件分别收集，这样便于资源化，并降低了固体废物处理和处置费用以及对环境的潜在影响。中国按危险废物、工业固体废物和生活废弃物等进行了固体废物分类和收集运输，其中危险废物按照危险废物名录收集，生活垃圾分类尚处在推行的初始阶段。

1. 危险废物

危险废物处理体系流程主要包括：处理单位对垃圾进行取样分类和评价，产生单位和处理单位之间签订合同，并递交合同、环评报告等材料到环境保护机关进行《危险废物管理计划（转移）》的备案审批，使用危险化学品车辆装运并同时进行危险废物移交联单送往处理单位，流程费时、繁琐。

实施危废收集方式的处理机构，指设有处理及利用机构获得危险废物经营许可的单位进行危废的行为，即"收集+处置"一体化收集模式。这种方法面临投入大、采集技术不完善的困难，目前各地正在陆续试验危险废物专业采集方法。即不需要接收单元的处理能力或利用设备，由产生单元直接采集垃圾后，再移交到处理单元处理。由于收集单位"积少成多"，单个类别危废和总量多，成为"大型危废产生单位"后再与处置单位对接的能力大大提高。收集机构多在一个产业园的地域范围内聚集且同属某个工业园区负责管理，由于距离生成单元最近、方便，所以基本都"来者不拒"，收集服务的重心前移解决了许多产生单位的烦恼。有的收集单位还成为产生单位危废厂内管理的"第三方"，进行回收、运输或者交易代理等工作。

2. 工业固体废物

生产过程中会形成大量的工业固体废弃物，其类型也很多，大致上可分成 16 类，一千多个品种，工业固体废弃物对环境危害很大，目前常用的工业固体污染有金属材料、橡皮、玻璃、塑胶、化工纤维、废纸等，对工业固体污染的采集工作应由专业人员操作，同时需要设置一定的保护措施，为了减少对工业固体废弃物的采集成本，目前主要根据"谁污染，谁治理"的原则实施管理，一般大型公司设有专业的管理机构和员工负责采集、运送和处置，中型企业划定范围后，由专业的人员定时巡回管理，而小微公司则集中处理到回收部门，然后再由专业处置部门实施处置。

3. 城市生活垃圾

现如今，我国对垃圾固体废物尤其是城市生活废弃物的实际划分工作还是处于零的阶段，即便经历了国家政策部门多年的鼓励措施和环卫垃圾桶等在城市建设中的多种形式，还是没有改变人类长期以来固定的生活习惯，还不能形成合理科学的划分。目前我国的城市生活垃圾主要分为 4 类收集方式：

（1）定点收集

收集容器放置于固定地点，一天中的全部或大部分时间为居民服务。

（2）定时收集

不设置固定的垃圾收集点，直接使用垃圾清运车辆收集居民区垃圾。

（3）特殊收集

为特殊区域服务的收集方式，包括了大楼型住宅的垃圾楼道式接收系统和气动垃圾的运输。

（4）分类收集

按照垃圾的种类和组分收集。

当前我国废弃物的分类管理主要是指人们将所有废弃物统一丢弃，

即对这些废弃物在经过集运后进入到固定废物处理厂之后实施了二次的粗简分类，然后是粗放型、简单形式的焚烧或填埋等，因此即使有小部分地方实施了详细的垃圾分类管理措施，亦同时增加了管理成本。而实际中，最好的废弃物分类便是从废弃物产生的来源进行科学的分级和投放等有效方法。

1.4.4 固体废物贮存过程的管理

1. 建立规范贮存场所

固体废物产生单位和经营单位应建造或利用原有构筑物改建专用固体废物贮存设施，一般固体废物贮存场所应按照《一般工业固体废物贮存和填埋污染控制标准》进行设计、运行、管理，危险废物贮存场所应按照《危险废物贮存污染控制标准》进行设计、运行、管理。通常规定储存场所地板要作硬化处理，而用于储存及装载液态或固态危险废物容器的场合，地板需要硬化并作防锈处理，地点表层不得有裂缝，地点周围应为雨盖、围堰及围栏，以符合"三防"的规定；必需设有污水导排管及导沟，将冲洗的废物汇集后进入印染及废物设施处理；储存液体或半固体废物的，也必需设有泄漏水收集设备。门前须设有阻水坡及阻水槽；对安装门做好防盗等保护措施；并合理设置通气孔，以保证内部空气流通良好。应经原批准环境影响报告书的地方人民政府及生态与环保主管部门检验合格后，方可投入商业生产及应用。

2. 分类贮存各类固体废物

固体废弃物的储存要按种类分开储存，且不同种类垃圾之间应有明显的分隔，化学性质不相容及没有安全处置的危险性垃圾不得堆放在一起，要严格间距或分库储存，不得把危险性垃圾掺入其他危险性垃圾中储存。工业生产车间必须按时将产生的固态垃圾送到储存地点规范贮存。危险废物的贮存期不得超出一年期，必须延期储存的，经所在地县以上生态环境主管部门同意后，方可根据审批日期延续储存。

3. 设置固体废物标志

一般固体废物贮存场所应按照《环境保护图形标志—固体废物贮存(处置)场》设置一般固体废物提示、警告图形符号标志；危险废物产生点应设置危险废物产生点标志和分类识别标志牌，贮存地点要设立危险性废弃物贮存地点标识和种类识别标志牌，危险性废弃物包装材料容器材料上要张贴危险性废弃物标识。

1.4.5　固体废物运输过程的管理

运输阶段是整个城市垃圾收运系统中，最繁琐、花费最高的阶段。

1. 车辆运输

车辆运送是历时最长、应用范围最大的一种运送方式，目前在国内外使用的垃圾运送车型，主要有适应长距离运送的集装箱半挂式运输车、适应中小型垃圾运转站的箱车整体式运输车，和目前广泛采用的车箱可卸式运输车等三类。

2. 船舶运输

船舶货物因装载量大、功率耗能低，其运输成本通常较汽车货物和管道物流要低，通常采取的方法，在船舶货运活动中，尤其应注意避免由于废水渗漏造成污染的危害。

3. 管道运输

管道运输分空气输送和水利输送两种。其优点是废物流与外界完全隔离，对环境的影响较小，属无污染的运送模式，同时，所受外界的干扰也较少，能够做到全天候工作；运送管线专用，易于实现智能化，能够大大提高废物运送的工作效率；连续运送，便于大容量、远距离地运送。不足之处是工程投入大；可靠性低，一旦建成，无法调整其路线的长短；工作经验不足，安全性有待进一步检验。

1.4.6　固体废物再利用过程的管理

1. 创建产业生态系统

建立固体废物工业生态系统，能够科学、全面且有效地处理固体废物问题。必须形成多元化、链条化乃至等级化的生态元素，从而形成能够连续性运作的系统。与固体废物的处理处置生态链和废物分类投放过程一样，每个元素都必须拥有属于自己的生态化定位，而健康有序的市场化运营也就是产业生态化创新的关键性工作所在。

2. 资源环保循环利用

若想有效处理城市固体废物问题，最主要的方法即是资源利用。在这一流程中，首先必须全面思考的是如何提高网络资源的应用率和时效性，然后在各种网络资源使用开始阶段必须全面考察网络资源使用的每个环节，就是整个资源的具体利用生命周期中存在的环保性问题。面对能源使用问题，我们运用真实有效的循环经济方式，就是资源到生产、产品到使用、使用到报废、报废到利用，这样不仅可以从根源上降低废物的产生，同时也可以将自然资源或其他材料在使用过程的每个阶段所产生的可使用价值充分激发出来，从而大幅度提高了环保循环效益。

1.4.7 固体废物处置过程的管理

1. 焚烧处理技术

在现阶段国家无害化处置城市固体废物过程中，所使用的另一种主要处置工艺就是焚烧处理工艺。是利用集中对固体废弃物实施高温燃烧，以实现将废弃物内有害细菌全部杀死的目的，并能使废弃物容积缩至很小。相比于未燃烧时的废弃物，燃烧后灰粉在该废弃物容积中的占比最小可达到5%，而在燃烧固体废弃物过程中，垃圾所产生的热值也可被用于发电。但值得注意的是，垃圾焚烧会出现大量烟雾，这些烟尘中通常存在大量的二噁英、硫化物等物质，因此在积极建设垃圾焚烧厂，引进或积极改造更新各类垃圾焚烧装置，以改善其燃烧充分性的同时，也必须要进行适当的烟雾处置措施。通过安装烟气过滤器等设备，使城市固体废物可以真正地进行无害化处置，并符合各项环境卫生标准规定。

2. 高温堆肥处理

在对于当前农村领域中大量新出现的固体废弃物经过生物减量化处理之后，人们一般都会采用生物高温化垃圾堆肥处理工艺。它利用土壤微生物与生物质有机物之间通过生物化学反应的方式，最后使农业废弃物转化成与抗腐蚀性相近似的产物，进而成为了一个纯天然有机化肥。因为比较于生化施肥，生物腐殖物当中包含了较为完整、充足的生物养分，且本身就安全无毒，将其大量使用在农业环境中，就可以显著提高土壤环境的生物肥力，并且避免了土地上产生板结、盐碱化等的现象。政府在利用高温垃圾堆肥等处理工艺对农村垃圾进行减量化处置时，还必须在全县范围内大力推广并普及农业废弃物分类技术，在使用高温垃圾堆肥时，农户还应尽快把夹杂于农村垃圾当中的金属制品、白色废弃物等分离，并分别予以适当处置。以便防止其径直被施于泥土之中，对土质、土壤结构和庄稼的健康生长带来不良影响。

3. 卫生填埋处理

在无害化处理固态垃圾过程中，还有一项较常见的方法就是卫生填埋技术。它经过对所有固态垃圾加以汇集整理之后，再系统对其加以覆膜处置，最后深埋于土壤底部。相较于前两种无害化处理技术，这种方法的运行原理更为简单、生产成本也较为便宜，能迅速处置大量的固态垃圾。目前，这些处理方法在城市垃圾中已获得了应用。但这些处理技术也存在着一定的限制，其中包括时间较短、需要占有大量土壤资源等。加之，在中国当前还未完全广泛的实施城市垃圾分类制度下，还会有局部的毒性有害固体废物在当中或被一并深埋在土层之中，由此可能会对土壤环境产生二次污染。

第 2 章　固体废物实验设计方法

2.1 实验设计概述

2.1.1 实质与发展历程

在各个领域的科研中，实验设计都是最常见实现最终结论证明的有力手段，包括物理化学实验、医学实验、田间试验、市场实验等等，这些实验实质上都是为了验证某一特定条件或环境下的结果。通常我们需要找到影响这一结果的各种因素，观察其响应机制，并不断调整这些因素，安排多组实验，得到限制条件下的各类规律。根据实验目的的不同，实验所需的组数越多、时间越长、条件控制越难、耗费的人力与物力也相应增加。如何最大化降低研究费用得到最终实验目标，我们必须结合一些数学方法对实验进行合理安排。实验设计，就是这样的一个通过运用数理统计、科学安排实验计划和分析实验数据、力求用较少的实验次数、较短的实验周期和较低的试验成本，获得合理的试验结论和正确结果的科学方法。

目前最常见的实验设计方法，可以分成四个类型：单因子实验设计、双因子实验设计、正交实验设计和响应曲面的实验设计。早在两千多年之前，以亚理士多德(Aristotle，公元前384—前322年)为表率的几个希腊思想家便已经根据经验总结，提出了一种"单因子法"的实验方法，是当时最先进的试验技术，直到现在，单因子法因为其独特的优势仍然受大量研究者青睐。20世纪20年代，英国生物统计学家及数学家费歇(R. A. Fisher)在多年的农业试验研究中，首次提出了方差分析(Analysis of Variation)原理，开创了实验设计这一新的统计学分支学科，在农业、医学、生物、经济、工业工程等领域产生了巨大影响。我国正式开始研究这一学科是在20世纪50年代，并在正交实验设计上提出了独特的见解，创立了更为简便有效的正交实验设计法。1978年，我国数学家王元和方开泰首先明确提出了均匀设计的定义，试图在实验区域内根据平均布点情况，以最小的实验点来获取最多的信号。在将近半个世纪以来，由于计算机的发达，以及一些数据处理软件的问世，如Excel、SAS、SPSS、Matlab和Origin等，极大促进了实验设计的发展。用作化合物配方设计的"混料产品设计"，用作消费者市场调查的"选择产品设计"及其通用度更强、能够跨产业使用的"优化产品设计"等高新技术不断涌现，实验设计也步入了一个百家争鸣的崭新时期。

实验设计的目的是以最经济方便的方式安排实验，得到我们需要的实验结果。这里的经济方便可以体现在以最小的实验次数实现预期目标、所得数据能够进行规律分析、通过数据的计算、分析和处理能够得到优化方案进一步明确后续实验的方向等方面。因此，在实验设计的初期阶段，我们就应当针对整个实验过程进行阶段性规划，明确总体研究目的和分阶段研究目标，同时预判实验研究结果的影响因素，对实验方法、仪器需提前熟悉，了解不同实验的实验精度和准确度的要求，对数据处理的方法应预先筛选，在上述预判难以确定时还可进行简单预实验来熟悉和规划初步的实验范围。综合而言，实验设计是整个实验研究过程中至关重要的一步，通过详细的实验设计可以更经济、更高效的获取预期实验成果。

为了实验结果分析的科学化，在实验设计阶段需遵循重复实验、随机化和划分区组三个原则。重复实验需要将同样的处理方式同时用于多组实验中。在实验过程中，总是会因为操作人员操作习惯、仪器精密度等问题不可避免地产生系统误差。而一般来说，我们在分析过程中是需要将系统误差扣除的，因此，设计重复实验可以帮助我们快速确认系统误差的范围。随机化是指用随机的方式来安排实验的顺序，这样能将系统误差带来的影响降至最小，同时也能够找出是否存在被忽略的对实验产生影响的因素。而划分区组则是将实验按照一定方法划分成一组一组，在每组内的各个实验具有某种相同的特性，这样的操作能够在分析数据的过程中很大程度地消除实验误差带来的影响，将各组间的差异与组内各实验间的差异区分开来。例如，在做污泥中氨氮的检测实验时，如果污泥样本的来源广泛且数量较多，我们可将污泥样本按照城市生活废水污泥、工业废水污泥等进行分类，再测定，这样能避免污泥成分的不同给后期数据分析带来影响。这里需要注意的是，即使进行了分组，在安排各组的顺序以及组内各实验的顺序时，也应遵循随机化原则。

2.1.2 基本概念

1. 实验方法

通过做实验获得大量的一一对应的自变量与因变量数据，并以此为基础来分析、整理得到客观规律的方法，称为实验方法。

2. 实验指标

在实验设计中用来衡量实验质量高低而使用的标准称为实验指标，简称指标。例如，在电镀重金属污泥的固化稳定化实验中，以重金属稳定效果为目标，讨论最佳水灰比、固化剂掺量等影响因素。在选择指标时，重金属的浸出率是衡量实验目标优劣程度的评价指标之一，但是，其对应表征指标及实验方法则可根据应用需求加以选用，如《危险废物鉴别标准浸出毒性鉴别》(GB5085.3—2007)中以硫酸硝酸溶液作为浸提剂进行提取实验，美国 EPA 危险废物鉴别方法采用醋酸缓冲溶液进行实验。

3. 因素

对实验指标有影响的条件称为因素，一般分成可控因素和不可控因素两类。可控各种因素，是指在实验过程中能够人为加以控制和调整的各种因素。例如在有机物好氧堆肥的实验中，反应器中供气的流速是可以通过风机和气流量计进行主动调节的，属于可控因素。不可控因素是指目前无法人为控制的因素，也称为噪声因素，是实验误差的主要来源之一。例如，在采集降尘样品的实验中，风速风向，以及空气湿度对降尘量的影响都属于不可控因素。在实验设计中，我们一般都不考虑不可控因素，而是将其作为系统误差在实验分析中进行说明。对于可控因素，一般来说一个实验的可控因素不止一个，我们一般只对其中部分因素进行调整，其他因素固定不动。

4. 水平

因素的不同变化状态称为因素的水平。某个因素在实验中必须要考察它的几种状态，就称它是几水平的因素。例如，在污泥厌氧消化实验时需要考察 3 个因素——温度、泥龄和负荷率，温度梯度设置为 25℃、30℃、35℃，这里的 25℃、30℃、35℃就是温度因素的 3 个水平。水平可用数量表示(如温度)的因素，称为定量因素；水平不能用数量表示的因素称为定性因素。例如，在电镀重金属污泥的水泥固化实验中，采用不同的水泥材料对污泥进行固化，研究哪种水泥材料的固化效果最好，这里的各种水泥材料就表示水泥材料这一因素的各个水平，无法用数量表示。再比如，在利用植物修复重金属镉污染土壤的实验中，吸收土壤中的镉是利用不同种类的植物来进行，如商陆、蜈蚣草等能够吸附吸收镉的植物，就是植物种类这一因素的各个水平。定性因素在多因素实验中会经常出现，对于定性因素，只要对每个水平规定具体含义，就可与定量因素一样对待。

5. 处理

各因素选定了一个水平之后，这样一个组合称为处理，即按照这样的因素水平，我们能进行一次实验，得到一次相应指标的观测值，因此，一种处理也可以称为一次实验。

2.1.3　策略与步骤

粗略地说，完整的实验应该包含计划、实施、分析及得出结果四个阶段。

1. 计划阶段

在进行试验之前，为了使实验过程更加经济方便，实验结果更加令人信服，我们必须制订周密且合理的实验计划。计划阶段又可以分为下面几个步骤：

明确实验目的。一个实验的最终目的绝不仅仅只是得到实验结果，而是应该服务于我们提出的问题。在实践中，找到这一问题并以合适的方式提出问题往往是科研的难点所在。

根据我们所能利用的资源，选择合适的实验方法与指标。目前常用的几种实验方法：单因素实验、双因素实验、正交实验与响应曲面法。在选择指标时，我们需要确保被选择的指标能够为研究目的提供足够的信息，并且这个指标本身相对容易测量且具有一定的准确性与稳定性；有时我们也可以选择两个或者多个指标，这时需要注意的是，对于一个指标的最优处理，不一定是另外一个或几个指标的最优处理，即可能并不存在使所有指标都最好的处理，这时我们需要在指标结果间进行权衡，选择在某种前提下相对较好的处理方案。例如，在危险废物的固化处理实验中，浸出率和抗压强度都是实验的指标，如果在实验中发现，这两个指标最优时的渣灰比不一致，则需要根据固化后水泥的用途等其他因素，酌情考虑废渣与水泥的最佳配比。

选择因素、水平与实验条件。在选择因素的过程中，我们需要将整个研究的问题分析透彻，尽量列出所有可能对实验产生影响的因素，包括不可控因素，切忌漏掉重要的因素，在此过程中，经验法能给我们带来很大帮助。确定因素后，水平的选择需要考虑的问题也比较多，如因子水平的选择范围、范围内水平的设置方式是否能体现因素的影响规律、水平确认后实验是否能安全、精确地实施完成等等。

确定实验计划。按照实验目的，选定适宜的实验类型，确定区组状况、实验次数，并根据随机性原理编排好实验时间和实验单位的数量，安排好时间矩阵。

2. 实施阶段

在实验的实施阶段，必须要确保实验按照实验计划严格执行，尽量不要更改实验计划。如果遇到不得不修改的地方，则需要谨慎对待，将实验计划整个重新复盘进行分析，保证不会对实验产生较大影响。同时，在实验实施的过程中，需要做好详细的实验记录，不仅包括实验数据，还要有实验环境、实验中出现的问题、实验人员等信息，一份详细的实验记录往往会对后期的实验分析提供巨大的帮助。

3. 分析阶段

统计方法是环境领域常用的分析方法之一，它能客观地对实验数据进行解析，以图表等形式揭示实验数据的规律。在我们理清这些规律之后，结合自身所掌握的知识，提出合理的命题或假设，实际上，统计分析并不能直接告诉我们实验的最终结果，而是为实验数据提供有效性和可靠性的判断并得到这些命题或假设的置信水平。因此，在统计分析的过程中，拥有良好的学科基础知识是必要的。另外，模型的选取也是十分关键的领域，在开展一般的描述性分析中，往往需要根据所研究的目的和数据的性质，选取恰当的分析模型并判断模型的适用范围，或者设法完善模型结构等。

4. 得出结果

实验数据分析完成后，理清实验路径与整体逻辑，结合所学的专业知识，可以得到实验的最终结论，但结论是否可靠还需要进行跟踪实验与确认实验来进行验证。有时候，某些实验的最终结果仅仅只是下一步实验的前提条件。

实质上，实验的探索过程呈现一个波浪式前进、螺旋式上升的趋势。首先我们提出一个问题，并针对这一问题作出预想的假设，然后围绕这一假设设计周密的实验，得到实验结论后返回来验证假设是否正确，如不正确问题出现在哪，如果正确则又可进行新一轮的假设以及新一轮的实验。实验往往并不是一步到位的，在这过程中有许多需要我们解决的问题，如：因素太多时抛弃那些不够重要的因素、因素水平的选择需要进行扩大或缩小、出现了遗漏的重要因素怎么进行调整等等，实验可能会经常失败，但失败的实验也是成功的一部分。

2.2 单因素实验设计

单因素实验指的是只有一个影响因素，或者只限制某个影响因素变化、其他因素尽量保持不变的实验，主要有均分法、对分法、黄金分割法、分数法等等。一般来说，当实验的目的是找到使实验指标最优的单个因素的水平时，我们可以简单地把这个因素看作是自变量，实验指标是对应的函数，整个实验过程则是找到这一函数的极值点。当我们面临这种优选问题时，通常采用的就是单因素实验设计方法，它能帮助我们减少实验次数，迅速找到实验的最佳点，达到优选的目的。

2.2.1 均分法

均分法是在因素水平可选择的范围内均匀地设置实验点，在每个实验点上都进行实验并得到实验函数。均分法可以在对因素水平与实验指标之间的影响关系掌握不清楚的情况下迅速得到实验函数的大致图像，缩小实验范围以进行更精确的实验，实验点越多，得到的实验函数越精确。均分法实验点的设置非常简单方便，但实验点的个数需要结合实际情况酌情考虑，避免因实验次数太多，使工作量过大，得不偿失。

例如，在研究配浆水的 pH 值对水泥浆固化效果的影响时，想找到某一固定条件下能使固化效果指标最优的配浆水的最佳 pH。当对 pH 值影响效果不够了解时，可以把实验范围粗略的设置为 $pH = 0 \sim 14$，然后把实验范围七等分，在其六个等分点 $pH = 2$、4、6、8、10、12 处设置实验点，取六个试验样品进行分析，得到初步的实验函数图像。如果当 $pH = 12$ 时固化指标是六个点中最好的，则可以进一步缩小实验范围至 $pH = 10 \sim 14$，后续实验既可以继续使用均分法确定最优点，也可以选用其他方法来确定最佳 pH 值。

2.2.2 对分法

对分法是指直接将实验点设置在实验范围的中点处，但采用对分法的前提是要对实验函数的性质掌握得比较清楚，能够判断实验点是取大了还是取小了。当实验点取小了时，则去掉比实验点更小的那一半的范围，反之则去掉更大的那一半范围，这样，每次实验都能直接缩小一半的范围，七次试验后就能将实验范围缩小到原来的 0.8%。对分法每次实验仅测一个实验点，一次实验完成后才能确定下一次实验的范围。

2.2.3 黄金分割法

上述的两种方法，均分法实验次数较多，比较费时费力；对分法虽然能迅速缩小范围，但要求了解实验函数的性质。当我们面对一个不太清楚实验函数性质的实验，又不想用均分法做太多次实验时，可以考虑采用黄金分割法，也叫 0.618 法。

黄金分割技术应用于实验参数出现单峰函数的研究，所谓单峰函数，是指一个试验区域内，试验参数仅出现一次峰，即只有一个最优点，最优点左右均为单调函数。在我们所作的实验中，有相当大的一部分都是这样的单峰函数，例如均分法中研究配浆水的 pH 值对水泥浆固化效果影响是一个典型的单峰函数实验，我们也可以用黄金分割法来进行实验设计，并取抗压强度为固化效果的指标。

在我们知道该实验为单峰函数实验的前提下，依旧先将实验范围粗略的设置为 pH=0~14，第一组实验首先要取两个实验点，分别在实验范围的 0.382 和 0.618 处，即 pH=0+0.382×(14−0)=5.348≈5.3 和 pH=0+0.618×(14−0)=8.652≈8.7 处（此处仅为理论上设置的实验点）。在这两个实验点做两次实验，假设得到的抗压强度分别为 a MPa 和 b MPa，此时，我们比较 a 和 b 的大小关系，并根据"留好去坏"的原则缩小实验范围，可能会存在以下三种情况：

（1）当 a>b 时，即 pH=8.7 处的抗压强度较差，我们可以去掉 pH>8.7 的部分，取 pH=0~8.7 的范围；

（2）当 a=b 时，即 pH=5.3 和 pH=8.7 处的抗压强度相同，这时我们可以将范围缩小至 pH=5.3~8.7；

（3）当 a<b 时，即 pH=5.3 处的抗压强度较差，我们可以去掉 pH<5.3 的部分，留下 pH=5.3~14 的范围；

然后，我们需要进行第二组实验将实验范围进一步缩小。以 a<b 为例，实验范围为 pH=5.3~14，取两个实验点分别在实验范围的 0.382 和 0.618 处，即 pH=5.3+0.382×(14-5.3)≈8.6 和 pH=5.3+0.618×(14-5.3)≈10.7 处，此时我们已经有 pH=8.7 时的抗压强度数据为 b MPa，因此实际上只需要在 pH=10.7 处取一个实验点即可，假设得到的抗压强度为 c MPa，则继续比较 a 和 c 的大小关系，按照上文进一步缩小实验范围。特别的，当 a=b 时，第二组实验需要分别在实验范围 0.382 和 0.618 处取两个实验点。

也就是说不管出现以上三种情形的任何一类，首先必须对现有的实验范围中有两种实验点的指标情况加以对比，而后按照"留好去坏"原理不断减小试验区间，继续重复这种方法，直到获得最理想的实验点。相比较于均分法，黄金分割法每组实验仅需要取 1~2 个实验点即可，每组实验能够将实验范围缩小到原来的 0.618 倍。

2.2.4　分数法

分数法又叫菲波那契数列法，它是利用菲波那契数列实现单因素优化实验设计的一种方法。菲波那契数列可由公式 2-1 递推确定。也即数列：1，1，2，3，5，8，13，21，…

$$F_0 = F_1 = 1, \quad F_n = F_{n-1} + F_{n-2}(n \geq 2) \tag{2-1}$$

在实验点可以为整数，或者限定试验次数的前提下，使用分数法比较好。例如：如果只进行了一个试验，那么选择 1/2 点进行实验，其准确度约为 1/2，而这一个点和实验最佳点的距离最大可能差距约为 1/2。假设可以做两次试验，则首次试验在 2/3 处做，第二次试验在 1/3 处做，其准确度均为 1/3。假设可以做第三次试验，则首次在 3/5 处做试验，第二次在 2/5 处做，第三次试验在 1/5 或 4/5 处做，其准确度均为 1/5……以此类推，做 n 次试验时，其实验点位置都在试验区域中的 F_n/F_{n+1} 位置上，其准确度均为 $1/F_{n+1}$。

表 2.1 　　　　　　　　　　分数法实验点位置与精度

试验次数	2	3	4	5	6	7	…	n
等分实验范围的份数	3	5	8	13	21	34	…	F_{n+1}
第一次实验点的位置	2/3	3/5	5/8	8/13	13/21	21/34	…	$\dfrac{F_n}{F_{n+1}}$
精度	1/3	1/5	1/8	1/13	1/21	1/34	…	$\dfrac{1}{F_{n+1}}$

2.3 双因素实验设计

对于因素之间不存在交互作用, 或者交互作用可以忽略的双因素问题时, 我们往往采用降维的办法, 先固定其中一个因素, 对另一个因素单独进行实验, 将双因素实验变成单因素实验, 先找到其中一个因素的最优点, 再去找到双因素下的最优点。这里介绍两种找双因素下最优点的方法。

2.3.1 从好点出发法

这种办法是首先将某个元素, 例如, x 稳定在试验区域内的某一个点 x_1(0.618 点处或其他点处), 接着用单因素实验设置对另一元素 y 加以试验, 得出最好试验点 $A_1(x_1, y_1)$, 再把元素 y 稳定在好点 y_1 处, 用单因素实验设置方法对元素 x 加以试验, 得出最好点 $A_2(x_2, y_1)$。假设 $x_2 < x_1$, 因为 A_2 比 A_1 好, 则可以去掉大于 x_1 的部分; 假设 $x_2 > x_1$, 则去除等于 x_1 的部分。接着, 在剩余的试验区域里, 再从好点 A_2 开始, 将元素 x 定位到 x^2 处, 对元素 y 继续进行试验, 得出了最终实验点 $A_3(x_2, y_2)$, 于是再沿直线 $y = y_1$, 将不含 A_2 的部分范围除去, 如此继续试验下去, 就可以更好地找出所需要的最佳点。

这个方法的特点是: 对某一因素进行实验选择最佳点时, 另一个因素都是固定在上次实验结果的好点上(第一次除外)。

2.3.2 并行线法

假设双因素问题的两种原因中的一种原因无法改变, 则应使用并行线法。具体方法如下：

设因素 y 不易调整，我们就把 y 先固定在其实验范围的 0.5（或 0.618）处，过该点做平行于 x 轴的直线，并用单因素实验设计方法找出另一因素 x 的最佳点 A_1。再把因素 y 固定在 0.250 处，用单因素实验设计方法找出因素 x 的最佳点 A_2。比较 A_1 和 A_2，若 A_1 比 A_2 好，则沿直线 $y=0.250$ 将下面的部分去掉，然后在剩下的范围内再用对分法找出因素 y 的第三点 0.625，第三次实验将因素 y 固定在 0.625 处，用单因素法找出因素 x 的最佳点 A_3，若 A_1 比 A_3 好，则也可将直线 $y=0.625$ 以上的部分去掉。这样一直做下去，就可以找到满意的结果。

因此，凝结效率一般与凝结剂的投加量、pH 值、水流速度梯度三个因素相关。通过经验数据分析，重要的因素为混凝剂的投加量和 pH 值，这样，就可通过经验将水流速度梯度定位在某一水准上，随后，用双因素实验设计法选取实验点，进行试验。

2.4　正交实验设计

2.4.1　正交试验

在生产和科学研究中出现的现象，通常都是比较复杂的，涉及许多方面，但不同因素会有不同的现象，而且总是彼此交织、错综复杂。要解决这类问题，常常需要做大量的实验。析因设计又称为全因子实验设计，就是将实验中涉及的所有实验因子的各层次全面结合成不同的实验因素，在实验前提下完成两个或两个以上的独立重复实验。析因设计的主要好处在于所掌握的信息量很大，能够精确地预测各实验因子的主效应程度，也能预测因子的各级相互作用影响的程度；而不足之处主要在于所要求的实验数量较多，因此花费的人工、资金和耗时也较长，在所考虑的实验因子和层次过多时，研究者较难选择。这时，人们会选择性地舍弃几个不那么关键的因子，只对所需要的一些因子加以分析，即进行因子的过筛，对一些有代表性水平的组合加以测试，这样便产生了分式析因设计，而正交检验技术则是分式析因设计的重要手段。

例如，某企业打算对危险废物采用水泥固化处理，经过分析研究后，决定考察 3 个因素（如配浆水 pH 值、凝固时间、养护温度）对固化效果的影响，而每个因素又可能有 3 种不同的状态（如养护温度有25℃、30℃、35℃ 3 个水平），它们之间可能有 $3^3 = 27$ 种不同的组合，也就是说，要经过 27 次实验后才能知道哪一种组合最好。显然，这种进行全面实验的方法，不但费时费钱，有时甚至是不可能实现的。对于这样的一个问题，如果我们采用正交设计法安排实验，只要经过 9 次实验便能得到满意的结果。对于多因素问题，采用正交实验设计可以达到事半功倍的效果，这是因为我们可以通过正交设计合理地挑选和安排实验点，能够较好地解决多因素实验中的两个突出问题：（1）全面实验的次数与实际可行的实验次数之间的矛盾。（2）实际所做的少数实验与要求掌握的事物的内在规律之间的矛盾。

2.4.2 试验设计

正交试验设计法，就是使用已经设计好的正交表来安排试验并进行数据分析的一种方法。它简单易行，计算表格化，使用者能够迅速掌握。正交表用于正交设计法安排实验，它是正交实验设计中合理安排实验，以及对数据进行统计分析的工具。正交表都以统一的记号形式来表示。如 $L_4(2^3)$，字母 L 代表正交表 L，L 右下角的数字"4"表示正交表有 4 行，即要安排 4 次实验。括号内的指数"3"表示表中有 3 列，即最多可以考察 3 个因素，括号中的底数"2"表示表中每列有 1 和 2 两种资料，即安排实验时，被考察的因素有两种水平（1 和 2），称为 1 水平与2 水平。如表 2.2 所示。正交表是日本统计学家田口玄一总结得来的，目前来说有一些软件可以生成，不需要我们自行设计。

表 2.2　　　　　　　　　$L_4(2^3)$ 正交表

实验号	列 号		
	1	2	3
1	1	1	1
2	1	2	2
3	2	1	2
4	2	2	1

常用的正交表有几十个，究竟选用哪个正交表，需要经过综合分析

才能决定，一般是根据因素和水平的多少、实验工作量大小和允许条件来确定。实际安排实验时，挑选因素、水平和选用正交表等有时是结合进行的。例如，根据实验目的，选好 4 个因素，如果每个因素取 4 个水平，则需用 $L_{16}(4^4)$ 正交表，即要做 16 次实验。但是由于时间和经费上的原因，希望减少实验次数，因此，改为每个因素 3 水平，即改用 $L_9(3^4)$ 正交表，做 9 次实验就够了。以 SPSSAU 软件为例，只要选择好对应的因子个数和水平数等，就可以自动生成正交表，并可借助软件对实验结果进行分析。

2.4.3 数据处理

通过实验得到了大量的实验数据之后，怎样科学合理地分析这些数据，并从中得出最合理的结果，是整个实验设计中重要组成部分。正交在实验设计中的数据分析，必须处理下列问题：(1)选择的各种因素中，哪些因素作用大，哪些作用小，各方面对试验目的作用的主次关系怎样。(2)在各方面中，从何种程度上可以得到令人满意的结果，以便找出最佳的实验工作条件。

直观分析法是一种常用实验结果的分析方法，其具体步骤如下。

1. 填写实验指标

计算各列的 k_i、$\bar{k}$ 和 R 值，并填入正交表中。

k_i(第 m 列) = 第 m 列中数字与"i"对应的指标值之和；

$\bar{k}$(第 m 列) = k_i(第 m 列)/第 m 列中"i"水平的重复次数；

R(第 m 列) = 第 m 列的 $\bar{k_1}$，$\bar{k_2}$，…中最大值减去最小值之差。

R 称为极差，极差是衡量数据波动大小的重要指标，极差越大的因素越重要。

2. 作因素与实验指标的关系图。

以实验指标的 $\bar{k}$ 为纵坐标系，因素水平为横坐标系作图。该图反映了在其他因素大体上都是同一变化时，该因素和实验指标之间的关联。

3. 比较各因素的极差 R，排出因素的主次顺序。

必须注意，从试验分析中得到的主要因素的主次、水平的高低，都是相对于某具体条件而言。在一个试验中的主要因素，在另一个实验中，由于条件改变了，也可以变成次要因素。相反，原来次要的因素，

就可以随着实验要求的改变而转换为主要原因。假设计算分析结果和按
照试验安排完成实验后所得出的结论完全一致，那么一致的结论即为最
优条件；如果假设实验得出的结论并不完全一致，那么则把分别得出的
最优操作条件再做两个实验结果进行验证，最后决定哪一个实验操作条
件为优。

2.5　响应曲面法实验设计

2.5.1　响应曲面法

1. 响应曲面法

响应曲面法是数学方法和统计方法结合的产物，用来对感兴趣的响
应受到多个变量影响的问题进行建模和分析，最终达到优化该响应值的
目的。其是利用合理的实验设计方法并通过实验得到一定的数据，采用
多元二次回归方程来拟合因素与响应值之间的函数关系，通过对回归方
程的分析来寻求最优工艺参数，解决多变量问题的一种统计方法。

响应曲面法的适用范围：①确信或怀疑因素对指标存在非线性影
响；②因素个数为2~7个，一般不超过4个；③所有因素均为计量值
数据；④实验区域已接近最优区域；⑤基于2水平的全因子正交实验。

响应曲面法的优点：考虑了实验随机误差；响应曲面法将复杂的未
知函数关系在小区域内用简单的一次或二次多项式模型进行拟合，计算
比较简单，可降低开发成本、优化加工条件、提高产品质量，是解决生
产过程中实际问题的一种有效方法；与前面的正交实验相比，其优势是
在实验条件优化过程中，可以连续地对实验的各个水平进行分析，而正
交实验只能对一个个孤立的实验点进行分析。

在运用响应曲面法研究实验数据之前，首先必须确定影响科学的实
验结果的各方面和层次。因为实验响应曲面法分析优化的前提条件，是
所选择的实验点都应该具有良好的试验条件，而假如对实验点的选择错
误，则实验响应曲面法将不会获得很好的改善成果。所以，在采用实验
响应曲面法以前，就必须确定了适宜的各试验因素和标准。

2. 响应面法分析步骤

进行响应曲面分析的步骤为：①确定因素及水平，注意水平数为

2，因素数一般不超过 4 个，因素均为计量值数据；②创建"中心复合"或"Box-Behnken"实验设计；③确定实验运行顺序；④进行实验并收集数据；⑤分析实验数据；⑥设置优化因素的水平。

在确定合理的各实验因素与水平时，应结合文献报道，采用多种实验设计的方法，常用的方法有：①利用已有文献报道的结果，确定响应曲面法实验的各因素与水平；②使用单因素实验法，确定响应曲面法实验的各因素与水平；③使用爬坡实验，确定响应曲面法实验的各因素与水平；④使用两因子设计实验设计，确定响应曲面法实验的各因素与水平。

2.5.2　实验设计

在确定了实验的各因素与水平后，下一步进行实验设计。可以进行响应曲面分析的实验设计有多种，但较常用的方法主要有 Central Composite Design——响应曲面优化分析和 Box Behnken Design——响应曲面优化分析。实验设计中，实验点分为中心点、立方点和轴向点。

1. CCD 法

CCD(Cental Composite Design，简称 CCD)，即中心组合设计，也称为星点设计。其实验表是在两因子设计实验的基础上加上极值点和中心点构成的，通常实验表是以代码的形式编排的，实验时再转化为实际操作值，一般水平取值为 $(0, \pm1, \pm\alpha)$ 编码，其中 0 为中值，α 为极值，$\alpha = F^{1/4}$(F 为因子设计的部分实验次数，$F = 2^k$ 或 $F = 2^{k/2}$，k 为因素数)。一般 5 因素以上采用，此设计实验表由以下 3 个部分组成：

(1) 2^k 或 $2^{k/2}$ 因子设计。

(2) 极值点。由于两水平因子设计只能用作线性考察，需再加上第二部分极值点，才适合于非线性拟合。如果以坐标表示，那么极值点在相应坐标轴上的位置称为轴点或星点，表示为 $(\pm\alpha, 0, \cdots, 0)$，$(0, \pm\alpha, \cdots, 0)$，$\cdots$，$(0, 0, \cdots, \pm\alpha)$，星点的组数与因素数相同。

(3) 一定数量的中心点重复实验。中心点的个数与中心组合设计的特殊性质，如正交或均一精密等有关。

2. BBD 法

箱线组合设计 Box-Behnken Design，简称 BBD，也是响应曲面优化分析法常用的实验设计方法，适用于 2~5 个因素的优化实验。对更多因素的 BBD 实验，若均包含 3 个重复的中心点，则 4 因素实验对应的实验次数为 27 次，5 因素实验对应的实验次数为 46 次。因素增多，实验次数成倍增长，故在开始 BBD 设计之前，进行因子设计对减少实验次数是很有必要的。

2.5.3 数据处理

按照实验设计安排实验，得出实验数据，下一步即是对实验数据进行响应曲面分析。响应曲面分析主要采用的是非线性拟合的方法，得到拟合方程。最常用的拟合方法是采用多项式法，简单因素关系可以采用一次多项式，含有交互作用的可以采用二次多项式，一般使用的是二次多项式；更为复杂的因素间交互作用可以使用三次或更高次数的多项式。

根据得到的拟合方程，可采用绘制响应曲面图的方法获得最优值，也可采用方程求解的方法获得最优值。

响应曲面分析所得出的优化结论也是一种预测结论，因此必须做试验进行验证。如果按照预期的试验条件可以获得与预期结果相符的试验结果，则表示进行反响曲面分析是成功的；如果不可以获得与预期结果相符的试验结果，则必须修改反响面方程，或者重新选定合适的试验因素和水平。

第 3 章　实验数据与误差处理方法

3.1　数据收集与实际考虑

3.1.1　样本数量概述

从实验对象总体中抽取一部分的单体所组成的集合叫做样本，样本量是指一个实验样本中所包含的单位总量，一般用 n 表示。抽取样本有重复抽样和不重复抽样两种分类方法，重复抽样是指统计采样结果时将所选取的样本记录后再放回整个系统，使之再次参加下一轮抽样的方法；不重复抽样是在逐个选择个体时，将每次被抽到的个体不放回整个系统参加下一次抽样的方法。

1. 样本量的确定方法

（1）公式

①重复抽样方式下：

变量总体重复抽样：

$$n_i = \frac{t^2 \sigma_i^2}{\Delta_i^2} \tag{3-1}$$

属性总体重复抽样：

$$n_p = \frac{t^2 p(1-P)}{\Delta_p^2} \tag{3-2}$$

②不重复抽样方式下：

变量总体不重复抽样：

$$n_i = \frac{t^2 N \sigma^2}{N N_i^2 + \sigma_i^2 t^2} \tag{3-3}$$

属性总体不重复抽样：

$$n_p = \frac{N t^2 p(1-p)}{N \Delta_p^2 + t^2 p(1-p)} \tag{3-4}$$

n 为样本容量、Δ 为抽样误差范围、σ 为标准差，一般取值为 0.5。

（2）决定样本量的主要因素

确定样本量，必须充分考虑实验调查的目的、性质和精度要求以及实际操作的可行性、资金承受能力等。一般而言，样本量越大，样本就越能代表总体。同时需要考虑成本因素，所以我们需要在允许的误差范围内，科学合理地确定样本量的大小，以兼顾调查成本与调研准确度之间的关系。但其实，确定样本量大小是件比较复杂的事情，即要考虑定性，又要考虑定量。从定性的方面考虑，决策的重要度、调研的性质、数据分析的特点、资源和抽样方法等都决定样本量的大小，但是这只是基本确定样本量的大小，实际决定样本量大小还需要从定量的角度考虑。从定量的方面考虑，有具体的统计学公式，根据不同的抽样方法使用不同的公式。所以归纳起来，样本量的大小主要取决于：

①研究对象的变化程度，即变异程度；

②要求和允许的误差范围，即精度要求；

③要求推断的置信度，通常情形下，置信度应取为 95%；

④总体的大小；

⑤抽样的方法。

也就是说，研究的课题越复杂，差异越大时，样本量要求越大；研究需求的精度越高，可推断性需求越高时，样本量也越大；而置信度越大，所要求的样本量也越大，反之则越少。除了上述的定量因素之外，还有一些定性因素对样本容量也有很大影响。例如抽样方法，条件一定时，不同的抽样方式所需要的样本量一般有所不同，即重复抽样比不重复抽样要求的样本容量要多一些。研究总体的大小，总体量越大，样本量也相对要大，但是增大后会呈现出一定的对数特征，没有明显的线形关系。对于样本回收率而言，其他条件一定时，某项调查有效问卷回收率越低事先确定的样本容量就应越大。同样，调查成功率越低，所确定的样本容量越大。

2. 定性研究样本量

（1）定义

定性研究，是以研究者本人作为研究工具，在自然环境下通过各种信息获取手段对某一社会现象开展整体性研究，通过归纳法研究分析资料并形成理论，并且通过与研究对象互动的方式对其行为和意义构建获得解释性的一种活动。

（2）方法

定性研究主要是通过参与观察和深度访谈而掌握第一手信息，具体的方法主要包括参与观察、个人访谈、焦点组讨论。其中参与观察是最常用的方法。参与观察的优点在于，不仅能了解到被观察者采取行动的理由、态度、工作方式、行动决策依据，同时研究者能获得一个特定社会情景中一员的感受，因而能更完整地理解行动。个人访谈分为三种形式，分别是结构化、半结构化和深度个人访谈。结构化访谈是通过发放结构化问卷，并询问一些其答案具有限定性的问题；半结构化个人访谈中，访谈者通常围绕一些核心的开放性的问题来展开此次访谈；深度个人访谈结构较为松散，只围绕一两个主题进行展开，但访谈细节更为丰富。焦点组讨论是小组讨论形式，以此促进和激发小组成员间的讨论和交流，实现收集资料的目的。一般来说，定性研究可以采用6~50个焦点组，每个焦点组由4~8人组成。在焦点组讨论的过程中，研究者主要发挥组织作用，采取某些手段来增进小组成员之间的互相讨论和交流，但要尽量减少自身的观点或立场对此的影响。然后采用归纳法处理通过观察和访谈法等所获得的资料，使其逐步由具体向抽象转化最终形成理论。与定量研究相反，定性研究是基于"有根据的理论"。这种方式形成的理论，是从收集到的许多不同的证据之间相互联系中产生的，这是一个自下而上的过程。

（3）特点

定性研究有如下特点：

①定性研究探究的是"社会显着性"，即这个个案告诉了我们多少有关社会结构的信息；而不是定量研究追求的"统计显着性"，即带有相似特征的总体的特征。那么，定性研究者可以通过使用特殊或极端个案来验证既往理论。

②定性研究强调"个案逻辑"，每个个案都有助于我们更准确了解主要研究问题。在这种逻辑中，我们不到调查完毕是不可能明确我们所要求的个案数量的。个案不需要有代表性，其被抽中的概率也要求相同，其被问的问题也可能是不同的，前一个个案中的结果会有助于我们指出在下一个个案中我们所要问的问题。因而说定性的访谈是有时间序列的访谈法，我们所要达到的目标就是"饱和"，即对于某一个问题有更充分的认识。而定量研究主张"抽样逻辑"，即按照一定的方法事先确定样本量，样本要具有一定的统计学意义，所有个体都有可能被抽取，因为每个被访人所接受的都是同一张标准化问卷，从而使人们可以从抽样数据中推断出总体特点。定性研究所代表的是研究主题之内的差异性的相对穷尽与其本质性特征的归纳，而并非对定量研究的抽样样本

与总体之间社会人口理论特点的相对分布的匹配。

（4）确定原则

"信息饱和原则"是定性研究样本量设计的基本准则。不同有目的的抽样策略，不同定性研究方法所需的最低样本量不同。在定性分析研究中，并非研究多少人才能够满足定量的条件，只是研究到的信息多么丰富才能够体现出研究目标的实质。

3. 定量研究样本量

（1）定义

定量研究是将数据量化描述，并通过统计分析，将结果从样本推广到所研究的总体的研究手段。

（2）方法

定量研究具有严密性、客观性、价值中立等特征。定量研究在研究社会现象时主要使用观察、实验、调查、统计等方法。定量研究通常采用数据的形式，对社会问题加以描述，通过演绎的方法来预测理论，然后通过收集信息和证据来评估或验证在研究之前预想的模型、假设或理论。定量研究是基于一种称为"先在理论"的基础研究，这种理论开始于研究者的先验想法，这是一个自上而下的过程。

调查法是指为实现设想的目的，通过制定某一规划完全或相对完全地收集关于对象的某一方面情况的所有资料，并加以分类、综合，从而得出某一结果的研究方法。相关法指通过利用相关性系数，而求得因素相互联系的研究方法。关于研究的重要目的，是明确因素间联系的重要程度。因素之间的关联程度，有完全相关、高相关、中等相关、低相关或零相关等；而因素关系的方向有正相关和负相关等。实验法是指通过掌握一种或多种变量，并同时控制研究条件，借以判断自变量和因变量内部的相互关系的科学研究方法。实验法有两种，一种是自然实验法，另一种是实验室实验法。

（3）特点

从哲学基础上来讲，定量研究以经验论或实证主义为依据，利用逻辑原理和推理认识事物的"本质"。定量研究讲究严谨、客观和控制，主张事实是绝对的，只有一个由仔细测量后决定的事实；认为个人行为是客观的、有目的的、可测量的；必须用正确的测量工具去测量行为；个人的价值观、感受和观点不会影响测量。

从实施步骤上来讲，定量研究开始之前就已经有了明确的研究假设和问题，研究计划一般是结构性的、预先设计好的、阶段明确的计划。研究者在特定实验条件下开展研究，从而把研究目标以外的各种因素排除在外。定量研究只关注事前与事后的测量，测量方法主要运用演绎法，自上而下形成理论，研究者与被研究对象是相互分离和独立的。研究主要是在实验的条件下进行，测量主要工具是"非人的手段"，如采用量表、调查表或实验等方式。得到的资料是可测量的、可统计的。测量得到的数据依据相关的统计工具，建立数学模型，并用数学模型计算出分析对象的各项指标及其指数。最终，得出的结果是概括性的、普适性的、不受背景约束的。

综上所述，定量研究以演绎逻辑为主，运用标准化的计算方法将研究现象简化为数字与数字之间的关系，运用数据统计分析的方法加以分析。因此，定量研究是一种对事物进行量化测量和分析，以检验研究者有关理论假设的科学研究手段。它包括一整套完备的操作技术：抽样方法，如随机抽样、分层抽样等；资料收集方法，如问卷法、实验法等；以及数字统计方法。

(4)确定原则

①随机化原则：所有的研究对象都有均等的机会被随机分配的每一组中，且分组结果不受人为因素的干扰；

②对照原则：考察实验组和对照组是否均衡；

③盲法原则：实验的研究者或实验对象一方或双方均不了解实验对象的分组情况；

④重复原则：在相同的实验条件下多次重复观察和研究来提高实验结果的科学性和可信度。

表 3.1　　　　　　　定性研究与定量研究的差异分析

比较内容	定 性 研 究	定 量 研 究
研究目标	解决问题和事件为什么发生	提供发生的量化信息
研究设计	计划随着研究的进行而不断发展，并可加以调整和修改	设计与假设在研究开始前就已确定

札记

续表

比较内容	定 性 研 究	定 量 研 究
研究方法	逻辑推理、历史比较	经验测量、统计分析和建立模型
结论表示形式	文字描述	数据、模式、图形
研究者角色定位	研究者是资料分析的一部分	力求客观，脱离资料分析

3.1.2 样市与数据收集的实际考虑

不同的研究方法对样本量的要求也不同，在实际搜集样本量和数据的时候要切合研究方法，正如前文所述，样本量并不是越多越好，根据实际选择一个合适的样本量更有利于研究的进行。本书以固体废物中的电子废弃物为例，详细介绍了实验获得的小样本、社会性调查以及面板数据三类不同的研究在数据收集时的不同点。

1. 实验获得的小样本

选择一个合理的具有代表性的样本计划非常重要，因为它可以方便实验的实施，并且能得出正确的结论。实验设计时应充分考虑到实验的实际情况，制订周密的实验计划，避免因考虑不周而造成的浪费。合理的样本与数据收集，能增强实验的精度，减少误差，得出正确的结论。例如：

（1）研究对象

某城镇电子垃圾拆解作坊周围农田土壤中重金属（Pb、Cu、Cd、Zn、Cr 和 Ni）的含量。

（2）数据量

实验获得的样本量较小，特别是涉及采样的实验，由于条件限制，数据量一般为 30 个以下，本实验的数据量为 22 个。

（3）数据收集方法

在电子废弃物处理回收车间附近地农田，采集表层（0~20cm）土壤，对其中 5 个位点实施垂直分层采样，采样深度为 1m，共分为 6 层。每个样品由 3 个点混合组成，去除杂物后采集 1.5~2kg。

（4）数据有效性评估

采用单项污染指数法和内梅罗综合污染指数法评估农田土壤重金属地污染程度，根据综合污染的指数值，按照农业行业标准的分级方法将土壤污染划分 5 个等级。将处理过后的数据与当地元素背景值进行比较分析，22 个样品含量测定值均超过背景值，表现出明显的富集。各因素的单因子污染指数和内梅罗综合污染指数，反映绝大部分样品的重金属含量超过了标准值，污染程度的不同与电子垃圾回收作坊的距离远近以及不同金属在农田土壤中的迁移能力有关，因此数据的收集信度较高，十分有效。

（5）数据处理方法

通过 SPSS 统计软件进行相关性分析研究，利用计算 Pearson 简单相关系数来研究变量间线性相关性的强弱能力。

2. 社会性调查

所谓社会性调查，是指应用科学方法，对特定的社会现象进行实地考察，了解其发生的各种原因和相关联系。以电子废弃物处理为例：

（1）研究对象

以对电子产品敏感的在校大学生为研究对象，探讨大学生电子废弃物处理意向的主要影响因素以及调查他们对各种提高电子回收参与度方法的偏好。

（2）数据量

本研究以问卷调查的形式展开，样本数据量较大，通常以百为单位，总共发放 800 份问卷，并回收 580 份有效问卷。

（3）数据收集方法

以问卷调查的形式收集数据，基于研究的需求，对调查对象也有相应的要求。例如本课题是以大学生为研究对象，因此问卷发放的对象是各个城市院校的本科学生，男女比例、所学专业、生源地、家庭年收入都要考虑在内，这样才能保证问卷调查的有效性。

（4）数据有效性评估

问卷调查属于定量研究，抽样样本量的大小会有很大程度上影响调查的准确度，笼统的讲，样本量大，误差会降低。在假设检验之前就需要对数据量表进行信度检验，主要考察数据量表的一致性系数。本研究所有量表的内部一致性系数较好，均在 0.8 以上，问卷通过了信度检验。

（5）数据处理方法

对假设的检验，采用层级线性回归的方法进行。以大学生对电子废弃物的回收意愿为因变量，其他影响因素为自变量构成模型。

3. 面板数据

也叫"平行数据"，是指在时间序列上取多个截面，并在这些截面上同时选择样本观测值所构成的样本数据。或者说他是一个 $m \times n$ 的数据矩阵，描述的是在 n 个时间节点上，m 个对象的某一个数据指标。例如：

（1）研究对象

评估预测我国 2030 年废旧线路板的产量。

（2）数据量

面板数据由于按照时间顺序排列，数据量的大小由年份和研究对象决定，一般来说介于实验获得的小样本和社会性调查之间。

（3）数据收集方法

电子产品的制造、销售、进出口数据均是从中国电子信息产业统计年鉴获取得到；中国人口统计的数据从中国统计年鉴上获得得到；各电子产品的平均质量和线路板所占质量分数数据来源于国内某电子废弃物拆解企业现场调研；电子产品的使用寿命来源于问卷调查。

（4）数据有效性评估

使用不同的模型对 2030 年我国电子产品的产量、拥有量和金属存量进行预测分析，三者的结果具有相似的规律和一致性，因此数据是有效的。

（5）数据处理方法

采用威布尔分布对产品进行寿命分析，采用群体平衡模型对废旧电器电子产品产生量进行估算，将物质流分析方法用于废旧线路板的产生量、金属资源的存量及开采潜力的分析。

3.2　检出限和定量限

3.2.1　检出限

检出限（Detection Limit，LOD）是指在某测定方法所给出的置信度

内，能够从试样中检测出待测物质的最小浓度或最小量。它是限度检验
效能的指标，属于定性检测，只要知道高于或低于该规定浓度即可。公
式表示为：

$$C_L = K S_b / M \qquad (3\text{-}5)$$

式中：C_L——检出限；

      M——标准曲线在低浓度范围内的斜率；

      S_b——为空白标准偏差；

      K——置信因子，一般取 2 或 3。

检出限一般分为仪器检出限和方法检出限。

仪器检出限（Instrumental Detection Limit，IDL）是指在规定仪器条件
下，当仪器稳定运行时，所产生的噪音引起测量读数的漂移和波动。即
在规定的置信范围内，能与仪器噪音相区别的最小检测信号所对应的待
测物质的量。各种仪器的检出限定义也不同。随着仪器灵敏度的增加，
所产生的噪音也会降低，仪器检出限也会相应降低。样品制备过程对仪
器检出限无影响，所以此值低于方法检出限。仪器检出限主要用于数据
的统计分析，以及不同仪器的性能比较。考察仪器性能的指标为信噪
比。仪器检出限公式表示为：

$$D_L = K S_0 \frac{C}{\overline{X}} \qquad (3\text{-}6)$$

式中：C——样品含量值；

      D_L——仪器的检出限；

      K——置信因子，一般取 3；

      S_0——样品测量读数的标准偏差；

      $\overline{X}$——样品测量读数平均值。

方法检出限（Method Detection Limit，MDL）是指用特定的方法将分
析物测定信号从特定基质背景中识别或区分出来时分析物的最低浓度或
最小量。即方法中测定出大于相关不确定度的最低量。分析方法检出限
时需综合考虑所有基体的干扰。

$$C_L = K_i S_i \frac{C}{\overline{X}} \qquad (3\text{-}7)$$

式中：C_L——方法的检出限；

K_i——置信因子，一般取 3；

S_i——样品测量读数的标准偏差；

C——样品含量值；

$\bar{X}$——样品测量读数平均值。

3.2.2　定量限

定量限（Quantitation Limit，LOQ）是指样品中的被测物能被定量分析测定的最低浓度或最低量，其测定结果具有一定的精度。反映了方法的灵敏度与定量检测的能力。通常以信噪比 10∶1 时所对应浓度作为定量限。定量限也可分为仪器定量限和方法定量限。

仪器定量限（Instrumental Quantification Limit，IQL），即仪器能够可靠地检出并定量待测物的最低浓度或最低量。

方法定量限（Method Quantification Limit，MQL），即在特定基质和一定可信度内，用某一方法可靠地检出并定量待测物的最低浓度或最低量。

3.3　误差的基本概念与分析

3.3.1　误差的概念、类型及产生原因

通常一个物理量的真值是不清楚的，需要采用适当的方法进行测量。测量值并不是被检测对象的真值，只是近似于真值。真值虽然通常是不知道的，但是可以通过恰当的方法估计测量值与真值相差的程度。通常将测量值与真值之间的差异称为测量值的观测误差，简称为误差。在分析过程中，即使是技术很熟练的人，用同一方法对同一试样仔细地进行多次分析，也不能得出完全相同的分析结果，而是在一定范围内波动。因此误差会客观存在于整个实验的全部阶段。

根据误差性质的差异，通常把误差分为系统误差和随机误差两种类型。

在测量试样的操作过程中，由于操作时的粗心大意、不按程序办事，例如读错刻度、记录和计算错误及加错试剂等，或由于意外事件而产生的偏差属于过失误差或称粗大误差，一般将其归于系统误差。在分

析过程中，当出现很大的误差时，应分析其成因，如属于过失所引起的，则在计算平均值时舍去。通常，只要我们加强责任感，对工作认真仔细，过失是完全可以避免的。

1. 系统误差

在实验条件一定时，出现的有规则的、会反复发生的误差称为系统误差。在每次测量中，此种误差始终偏向于某一个方向，或总是偏高，或总是偏低，其大小几乎是一个恒定的数值，所以系统误差也叫做恒定误差。在测量过程中产生这种误差的主要原因大体有如下几个方面：

（1）由于分析方法本身所造成的方法误差

例如，使用氯化铵称量法来测定普通水泥熟料中的二氧化硅含量时，测量结果会偏高，这是由于沉淀时会与铁、铝、钛等物质发生吸附，并且会掺杂不溶物而导致，并且随着试样中不溶物含量地增加，测定结果偏高的幅度也会相应增加。如用酸溶解试样，测量结果会出现明显的正误差。另一方面，用氟硅酸钾容量法测定二氧化硅时，当样品中不溶物的含量高时，用酸溶解试样会使测量结果产生较大的负误差。此外，在各类试样成分的配位滴定中，溶液的 pH 值、温度、指示剂等的选择若不恰当，都将使测量结果产生一定的系统误差。

（2）由于使用的仪器不合乎规格而引起的仪器误差

例如，有些需要精确刻度的量器，如移液管和容量瓶彼此之间的容积比不精确；滴定管本身刻度也不够精确，或不一致；或者天平的灵敏度无法达到对称量精度的要求，如砝码的质量并不精密等，都会给测量结果带来一定的正的或负的系统误差。

（3）由于试剂或蒸馏水中存在杂质所引起的试剂误差

例如，用以标定 EDTA 标准滴定溶液浓度的基准试剂，它的纯度不足或未烘去吸附水，会使得所标定的标准滴定溶液含量值偏高；蒸馏水中含有某些杂质也会产生一定的系统误差。

（4）由于分析人员分析操作失误所引起的操作误差

例如，分析人员在称取试样时未注意避免试样吸湿，滴定分析中移液管或滴定管不洁净，洗涤沉淀时洗涤过分或不充分，灼烧沉淀时温度过高或过低，称量沉淀时坩埚及沉淀未完全冷却等。这类误差在实验中应该尽量避免。

（5）由检验人自身的习惯和偏差而造成的主观误差

例如，在读出滴定管的读数时有的时候习惯于偏高或过低；检查滴定终点时有的人习惯于把色彩加深一点，或淡了一点的。

在具体实施时，必须针对具体的系统操作情况进行具体分析，从而寻找造成系统误差的根本原因，从而采取相应的方法防止或减少系统误差。

2. 随机误差

随机误差是在测量过程中由一些不定的、偶然的外因（如实验室温度、湿度的微小变化，电压的微小波动，外界对仪器设备的扰动等）所引起的误差，且无法人为控制。这与系统误差不同，并反映在几个同样的计算结果上。误差的数值有时大、有时小，有时正值、有时负值。

如果测量的次数不是太多，看上去这种不定的可大可小、可正可负的误差好像没有什么规律性。但如果在同样的条件下，对同一个样品中的某一组分进行足够多次的测量时，就不难看出随机误差的出现具有如下规律：

①正误差和负误差出现的概率大体相同，也就是产生同样大小的正误差和负误差的概率大体相等；

②较小误差出现的概率大，较大误差出现的概率小；

③很大的误差出现的概率极小。

经过长期的科学实验和理论研究，证明上述随机误差的规律性完全服从统计规律，因此可用数理统计方法来解决随机误差的问题。

3.3.2　误差的表示方法

1. 真误差 E

真误差为测量值（x）与真值（μ_0）之差。

单次测量值误差：

$$E = x - \mu_0 \tag{3-8}$$

多次测量值误差：

$$E = \bar{x} - \mu_0 \tag{3-9}$$

式中：x——单次测量值；

$\bar{x}$——多次测量值的算术平均值；

μ_0——真值（标准值）。

误差值越小，表示测定结果越接近真实值，其准确度就越高；反之，误差越大，准确度越低。当测量值大于真值时，误差为正值，表示测定结果偏高；反之误差为负值，表示测定结果偏低。

相对误差E_r是指误差在真实结果中所占的百分率：

$$E_r = \frac{E}{\mu_0} \times 100\% \tag{3-10}$$

相对误差能反映误差在真实结果中所占的比例，这有利于比较在各种情况下测定结果的准确度。为了避免与百分含量相混淆，分析化学中的相对误差常用千分率(‰)表示。

由于真值一般难以求得，故可以认为真误差只在理论上是存在的，常在数理统计推导中使用。

2. 残余误差γ_i

残余误差γ_i又称为"残差"、"剩余误差"。某一测量值x_i与用有限次测量得出的算术平均值$\bar{x}$之差称为残差：

$$\gamma_i = x_i - \bar{x} \tag{3-11}$$

残差可通过一组测量值计算得出，因而常用于误差计算中。例如标准样品的证书值、质检机构的测量值、某一参数的目标值，经常被当作标准值用来估计测量值的残差。

3. 引用误差

引用误差为仪器的示值绝对误差与仪器的量程或标称范围的上限之比值。

$$\gamma = \Delta Y / Y_N \tag{3-12}$$

ΔY为绝对误差；Y_N为特定值，一般称之为引用值，它可以是计量器具的量程、标称范围的最高值或中间值，也可以是另外一个确定的数值。引用误差一般用百分数表示，有正负号。

对于同样的绝对误差，随着被测量Y值的增大，其相对误差会减小。被测量与特定值越接近，测量的精度就越高。所以，使用以引用误差来确定准确度级别的仪表时，应尽可能地使被测量的示值落在量程的2/3以上。

引用误差是一种简便实用的相对误差，通常用于评定多挡和连续分度的计量器具的误差。电学计量仪表的级就是用引用误差来定义的，分别规定为0.1、0.2、0.5、1.0、1.5、2.5、5.0七级，例如仪表为1.0

级，则说明该仪表最大引用误差不会超过 1.0%。

很多书籍中经常使用标准差、极差等方式表示误差，这几种表示方法在第一章中已经述及，此处不再重复。实际上按照严格的定义，这几种方法均为"偏差"的表示方法，使用时应注意其与"误差"的区别，慎用"误差"一词。当真值未知，或不与真值(标准值)进行比较时，其所得各次测量值之间的差别均应称之为"偏差"，而非"误差"。

3.3.3　误差与偏差

误差(error)和偏差(deviation)是两个不同的概念。偏差是测量值相对于平均值的差异(绝对偏差等)，或两个测量值彼此之间的差异(极差等)；而误差是测量值与真值之间的差异。但因为在现实中真值通常是人们不知道的，习惯上常将平均值作为真值看待，因此有些人常将误差与偏差两个不同的概念相混淆。将平均值当作真值看待时，其实是隐含着一个假设条件，即在测量过程中不存在系统误差。如果实际情况并非如此，即在测量过程中出现较大的系统误差时，其测量值的算术平均值则不能代表真值，因此，在数理统计和测量过程中，要注意误差和偏差这两个概念之间的区别。

设一组测量数据为x_1、x_2、$x_3 \cdots x_n$，其算术平均值$\bar{x}$为：

$$\bar{x} = \frac{1}{n}(x_1 + x_2 + \cdots + x_n) = \frac{1}{n}\sum_{i=1}^{n} x_i \tag{3-13}$$

$$n\bar{x} = \sum_{i=1}^{n} x_i \tag{3-14}$$

各单次测量值与平均值的偏差为：

$$d_1 = x_1 - \bar{x}$$
$$d_2 = x_2 - \bar{x}$$
$$\cdots$$
$$d_i = x_i - \bar{x}$$
$$\cdots$$
$$d_n = x_n - \bar{x}$$

很明显，在上述偏差中，一部分是正偏差，一部分是负偏差，还有一些偏差可能是零。如果将各单次测量值的偏差相加，则得到：

$$\sum_{i=1}^{n} d_i = \sum_{i=1}^{n} (x_i - \bar{x}) = \sum_{i=1}^{n} x_i - n\bar{x} \tag{3-15}$$

将式(3-14)代入，得到：

$$\sum_{i=1}^{n} d_i = n\bar{x} - n\bar{x} = 0 \tag{3-16}$$

可见单次测量结果的偏差之和等于零，即不能用偏差之和来表示一组分析结果的精密度。因此，为了说明分析结果的精密度，通常以单次测量偏差绝对值的平均值即平均偏差 d 表示其精密度：

$$d = \frac{|d_1| + |d_2| + \cdots + |d_n|}{n} \tag{3-17}$$

近年来，分析学中日益普遍地采用统计学的方法来处理各种分析数据。在统计学中，对于所考察的对象全体，称为总体(或母样)；从总体中随机抽出的一组测量值，称为样本(或子样)；样本中所含测量值的数目，称为样本大小(或样本容量)。例如对某批矿中的铁含量进行分析，按照有关部门的规定取样、进行细碎并缩分后，得到一定数量(例如 500g)的试样。这就是分析试样，是供分析用的总体。如果我们从中称取 8 份试样进行平行分析，得到 8 个分析结果，则这一组分析结果就是该矿石分析试样总体的一个随机样本，样本容量为 8。

设样本容量为 n，则其平均值 $\bar{x}$ 为：

$$\bar{x} = \frac{1}{n} \sum_{i=1}^{n} x_i \tag{3-18}$$

当测定次数无限增多时，所得平均值即为总体平均值 μ：

$$\mu = \lim_{n \to \infty} \frac{1}{n} \sum_{i=1}^{n} x_i \tag{3-19}$$

若没有系统误差，则总体平均值 μ 必就是真值 μ_0。此时，单次测量的平均偏差 δ 为：

$$\delta = \frac{1}{n} \sum_{i=1}^{n} |x_i - \mu| \tag{3-20}$$

在分析化学中，测量次数一般较少(例如 $n<20$)，故涉及的是测量值较少时的平均偏差 $\bar{d}$，如(3-17)式所示。

用统计方法处理数据时，广泛采用标准偏差来衡量数据的分散程度。标准偏差的数学表达式为：

$$\sigma = \sqrt{\frac{1}{n} \sum_{i=1}^{n} (x_i - \mu)^2} \tag{3-21}$$

计算标准偏差时，对单次测量偏差加以平方，这样做的好处，不仅是避免单次测量偏差相加时正负抵消，更重要的是使大偏差能更显著地反映出来，故能更好地说明数据的分散程度。

在化学分析中，测量值通常不多，而总体平均值和标准偏差一般又未知，故只好用样本的标准偏差 s 来反映该组数据的分散程度。样本标注偏差的数学表达式为：

$$s = \sqrt{\frac{\sum_{i=1}^{n}(x_i-\bar{x})^2}{n-1}} \tag{3-22}$$

式中，$n-1$ 称为自由度，以 f 表示。自由度通常是指独立变数的个数。对于一组 n 个测量数据的样本，我们首先计算其平均值 $\bar{x}$，然后分别计算 $(x_1-\bar{x})$、$(x_2-\bar{x})$、$(x_3-\bar{x})$、$\cdots$，直至 $(x_{n-1}-\bar{x})$ 等偏差。但这些偏差并不都是独立变数。因为，这 n 个偏差之和为零，某个偏差均可由另外 $(n-1)$ 个偏差计算出来，因此，对于一组 n 个测量数据的样本，其偏差的自由度 f 为 $(n-1)$。

在数理统计课程中，对于式(3-21)与式(3-22)的关系，通常都给予了详细的证明和讨论。在式(3-22)中，引入 $(n-1)$ 的目的，主要是为了校正以 $\bar{x}$ 代替 μ 所引起的误差。很明显，当测量次数非常多时，测量次数 n 与自由度 $(n-1)$ 的区别就很小，此时 $\bar{x} \to \mu$，即：

$$\lim_{n\to\infty}\frac{\sum_{i=1}^{n}(x_i-\bar{x})^2}{n-1} = \lim_{n\to\infty}\frac{\sum_{i=1}^{n}(x_i-\mu)^2}{n-1} \tag{3-23}$$

同时 $s \to \sigma$

单次测量结果的相对标准偏差(RSD，又称变异系数)为：

$$RSD = \frac{s}{\bar{x}} \times 1000‰ \tag{3-24}$$

一个过程的总方差是由各个阶段各因素的方差分量合成的。如果因素有数个，则总方差 s_t^2 等于各因素方差之和：

$$s_t^2 = s_1^2 + s_2^2 + s_3^2 + \cdots \tag{3-25}$$

例如，按照 JC/T 578—2009《评定水泥强度匀质性试验方法》，测定某一时期单一品种、单一强度等级水泥 28d 抗压强度的均匀性，是从某一编号的水泥产品中随机抽取 10 个分割样，测定结果的总方差 s_t^2 是由 10 个分割样之间的非匀质性误差 s_c^2 和测定过程中的随机误差 s_e^2 合成的，其关系为：$s_t^2 = s_c^2 + s_e^2$。

3.3.4 误差的正态分布

在大多数材料的物理性能或化学成分的测量中，测量结果总是在一定程度上波动，其波动情况一般都符合或近似符合正态分布的规律。按照这种分布，可以很方便地处理测量中或测量完毕后整理数据时所遇到的很多问题，所以，在建筑材料的测量中多以此为依据处理有关误差的问题，有关正态分布的规律可以用到误差的正态分布中。

因为正态分布曲线中的分布中心是无限多次测量值的平均值（理论值），所以单次测量值x_i的随机误差为$x_i-\mu$。如果以ε表示随机误差，σ表示总体标准偏差，μ表示总体平均值，则误差的标准正态分布曲线如图 3.1 所示。

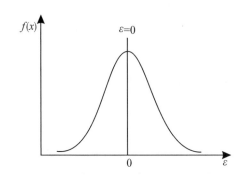

图 3.1 误差的标准正态分布曲线

从图 3.1 可以看出，当误差$\varepsilon=0$时，纵坐标$f(x)$达到最大值，也就是说误差为 0 的测量值出现的概率最大。当$\varepsilon\neq0$时，出现的概率$f(x)$则按指数函数下降，其下降的幅度取决于σ的大小。σ越小，概率曲线下降的幅度越大，曲线就越窄，表明数据越集中在平均值的附近，误差越小，测量的精度越高；相反，σ越大，概率曲线下降的幅度越小，曲线就越宽，表明数据越分散，误差越大，测量的精度越低。

测量值x落在$(\mu-3\sigma)$到$(\mu+3\sigma)$区间里的概率为 99.73%，即误差出现在$(\mu\pm3\sigma)$范围以外的概率仅有 0.27%，或者说在 370 次测量中，误差超出$(\mu\pm3\sigma)$范围以外的情况只有 1 次。假如认为在有限测量次数内（通常为 5 次、10 次或 20 次）某一测量值出现的概率为 0.3% 已属极小，则可认为超出$\pm3\sigma$的误差一定不属于随机误差，而为过失误差。选择$(\mu \pm 3\sigma)$是随机的，在不同情况下，可以有不同地规定，例如，在很多统计方法中选择$(\mu \pm 2\sigma)$。在实际应用中，根据具体条件以及不同的目的和要求，可以定出一个合理的误差范围，凡超出此范围的，即可认为不属于随机误差，此时便应引起注意，查找原因以便及时纠正。

3.3.5　误差的传递与合成

在实验测量过程中，常有一些无法直接测量的指标，或者直接测量时会受到条件限制而无法保证精度，所以只能通过间接测量某些指标后计算得出。因为可直接测量的指标是无法避免系统和随机误差的，所以在经过计算后，就会把误差传递给计算结果所代表的指标，这就是间接测量中的误差传递(也称为函数误差)。

实验测量过程中各个环节的误差因素称为单项误差，根据单项误差来确定测量结果的总误差，即误差的合成。测量结果的总误差一般用绝对误差和标准偏差来表示。

常用函数绝对误差和标准偏差的传递和合成公式分别如表 3.2 和表 3.3 所示。

表 3.2　　　　　　　　常用函数绝对误差的传递与合成公式

函数表达式	绝对误差的传递与合成公式
$N = x \pm y$	$E_{a,N} = E_{a,x} + E_{a,y}$
$N = x \times y$	$\dfrac{E_{a,N}}{N} = \dfrac{E_{a,x}}{x} + \dfrac{E_{a,y}}{y}$
$N = \dfrac{x}{y}$	$\dfrac{E_{a,N}}{N} = \dfrac{E_{a,x}}{x} + \dfrac{E_{a,y}}{y}$
$N = kx$	$E_{a,N} = k\,E_{a,x},\quad \dfrac{E_{a,N}}{N} = \dfrac{E_{a,x}}{x}$
$N = \sqrt[k]{x}$	$\dfrac{E_{a,N}}{N} = \dfrac{1}{k} \times \dfrac{E_{a,x}}{x}$
$N = \dfrac{x^m \times y^n}{z^k}$	$\dfrac{E_{a,N}}{N} = m \times \dfrac{E_{a,x}}{x} + n \times \dfrac{E_{a,y}}{y} + k \times \dfrac{E_{a,z}}{z}$
$N = \ln x$	$\dfrac{E_{a,N}}{N} = \dfrac{E_{a,x}}{x \ln x}$

表 3.3 常用函数标准偏差的传递与合成公式

函数表达式	标准偏差的传递与合成公式
$N = x \pm y$	$S_N^2 = S_X^2 + S_Y^2$
$N = x \times y$	$\left(\dfrac{S_N}{N}\right)^2 = \left(\dfrac{S_x}{x}\right)^2 + \left(\dfrac{S_x}{x}\right)^2$
$N = \dfrac{x}{y}$	$\left(\dfrac{S_N}{N}\right)^2 = \left(\dfrac{S_x}{x}\right)^2 + \left(\dfrac{S_x}{x}\right)^2$
$N = kx$	$S_N^2 = (k S_x)^2$, $\left(\dfrac{S_N}{N}\right)^2 = \left(\dfrac{S_x}{x}\right)^2$
$N = \sqrt[k]{x}$	$\left(\dfrac{S_N}{N}\right)^2 = \left(\dfrac{1}{k} \times \dfrac{S_x}{x}\right)^2$
$N = \sin x$	$S_N^2 = (\mid \cos x \mid \times S_x)^2$
$N = \cos x$	$S_N^2 = (\mid \sin x \mid \times S_x)^2$
$N = \ln x$	$\left(\dfrac{S_N}{N}\right)^2 = \left(\dfrac{S_x}{x}\right)^2$

3.3.6 误差的控制

在实验操作过程中，会由于多种因素产生误差，所以必须对每个实验方法进行质量控制。通过分析实验误差产生来源，控制可能产生的系统误差；并且针对在不同阶段的突发因素造成的随机误差，分别进行控制来减小随机误差。

1. 现场误差控制

现场误差的控制方法包括：在前往现场采样前，先进行仪器设备的检查、校准以及对样品储存容器的准备；严格控制样品的运输、接收，以避免环境污染；使用质控样，例如，平行双样、现场空白样、装备空白样及旅行空白样等。

2. 实验室误差控制

实验室中分析测试时使用的误差控制方法为设计空白样、加标样和平行样。

空白样是指在进行样品测定时，控制实验条件和试剂完全一样，但是不加入被测定的物质，来进行空白实验。实验得到的测定值扣除空白值，可以消除实验试剂、器皿等造成的系统误差。对于水样，空白样使用试剂水；对于固体样品，不使用空白基体，而是通过分析过程来获得空白样。

加标样分为空白加标和样品加标，空白加标是指在不含被测定物质的空白样品中加入一定量的标准物质，按照与试剂样品同样的处理步骤进行分析，得到的结果与理论值的比值即为空白加标回收率。样品加标回收是指，同一个样品取两份，向其中一份加入一定量的标准物质；两份样品同时按照同样的处理步骤分析，加标的那一份结果扣除未加标的测量值，然后与加入的标准物质的量的比值即为样品回收加标率。加标回收率可以用来判断测定结果的准确度，加标回收率的绝对值越接近 100%，说明测定结果准确度越高。

$$加标回收率 = \frac{(加标样测量值 - 未加标测量值)}{加标量} \times 100\%$$

使用加标回收率时应注意以下几点：

(1) 加标物的形态与待测物的形态一致。

(2) 加标量尽量与待测物含量相等或相近，加标量不超过待测物含量的 0.5~2.0 倍，且加标后的总含量不超过测定方法的上限。

(3) 加标物的体积不超过原试样体积的 1%。

(4) 当样品中待测物浓度高于校准曲线的中间值时，加标量应控制在待测物浓度的半量。

(5) 当加标样和样品的实验条件完全相同时，其中干扰物质和不正确操作等因素所导致的作用相等，以测定结果的差值计算回收率，往往无法正确反映试样测定结果的实际差错。

此外，还可以通过增加平行样的测定次数，来减少偶然误差。测定次数越多，则所得平均值就越接近真实值，分析结果就更加可靠。一般取 3 个平行样测定。

3.4　数据处理

3.4.1　有效数字

1. 有效数字定义

有效数字是指实验中实际可测量的数值，由所有真实数值和最末位有误差的数字组成。例如：在使用 50mL 量筒时，最小刻度为 1mL，需要估读至 0.1mL，如 27.5mL，前三位是从量筒上直接读取的紧缺数字，第三位是估读的数字，此位数据称为不确定数字，因此 27.5 为三位有效数字。

有效数字不仅表示量的大小，而且反映了所用仪器的精密程度。在实验中，必须按照所用仪器的精度记录数据，否则会影响准确度。例如使用万分之一分析天平称取 4g 物质时，质量必须记为 4.000 0g。位数记太多，会夸大仪器的精确度；位数偏少，则没有呈现出仪器的精密度。

其中"0"的作用是非常重要的。不同的"0"在数字中起的作用是不同的，有的表示有效数字，而有的却不是，这与其所在位置有关。

以下面这组数据的有效数字位数为例：

| 0.032 5 | 4.002 5 | 5.600 0 | 0.001 0 | 75 000 |
| 三位 | 五位 | 五位 | 二位 | 不确定 |

当"0"位于数字之前时，表示小数点的位置，起定位作用，但不计入有效数字位数。而小数点的位置与测量结果的单位有关。如测得某物质质量为 32.5g，若改用 kg 作单位，则表示为 0.032 5kg，即单位的变化不会引起有效数字的位数变化，所以 0.032 5 仍然为 3 位有效数字。

当"0"位于数值的中间或者数值后面时，表示为测定所得数值，即为有效数字。如 4.002 5 是 5 位有效数字；5.600 0 是 5 位有效数字；而 0.001 0 只有 2 位有效数字.

以"0"结尾的正整数，其有效数字的位数不定。这种数值应该根据测量仪器的精确度用指数形式来表示，从而明确有效数字的位数。记为 7.5×10^4 时，有效数字为 2 位；记为 7.50×10^4 时，有效数字则为

3 位。

2. 有效数字修约规则

在处理同一个实验的实验数据时，由于各个阶段测量仪器的精度各不相同，使得测量值的有效数字位数也各不相同。因此，规定使用统一的原则，来处理数据的有效数字的正确位数，称为对原始数据的"修约"。现阶段我国常用规则为"四舍六入五成双"。即当尾数≤4 时舍去；尾数≥6 时进位；尾数 = 5 时，且后面的数均为 0 时，看其前一位，前一位为奇数就进位，为偶数则舍去，其中"0"视为偶数；当尾数 = 5 且后面的数不全为 0 时，则进位。

当被舍弃的数字包括几位时，就不能对该数连续修约，只能做 1 次处理。例如，将 2.1527 修约为 3 位有效数字时，应为 2.15；如果按照 2.1547→2.155→2.16 修约，则是错误的。

3. 有效数字运算规则

（1）加减法

在对数据进行相加或相减运算时，所得和或差的有效数字位数，应以小数点后位数最小的数为基准。

例如：计算 3.15 + 4.203 + 2.10，修约为 3.15 + 4.20 + 2.10，结果为 9.45。

（2）乘除法

在对数据进行相乘或相除运算时，所得积或商的有效数字位数，应以有效数字最少的数或者百分误差最大得数为基准。同加减法一样，也可以先取舍后运算。

例如：1.312 与 23 相乘时，所得积 30.176，应处理为 30。

（3）对数

在进行对数运算时，对数值（首数除外）的有效数字只由尾数的位数（真数）决定。

例如：2 567 是 4 位有效数字，其对数 $\lg 2\,567 = 3.409\,4$，尾数部分仍然保留 4 位，因为首数"3"不是有效数字，不可记成 $\lg 2\,567 = 3.409$，此值代表有 3 位有效数字，与原数 2567 不一致。

在固体废弃物实验中有很多情况使用对数运算，如 pH 值的计算，若 $[H^+] = 3.9 \times 10^{-11}$，则 $pH = -\lg[H^+] = 8.41$，有效数字只有两位。

如果第一次运算得到的结果需要继续进行第二次或第三次运算时，

可以对中间数据多保留一位有效数字，但最终值仍然要与原始数据有效数字位数相同，这样可以在数据处理时避免叠加误差。

3.4.2 准确度与精密度

准确度与精密度在误差理论中是完全不同的两个概念。

1. 准确度

准确度（accuracy）是指"测试结果与接受参照值间的一致性程度"。

注：根据大量测试结果得到的平均值与接受参照值之间的一致程度，称作正确度（trueness）。

根据系统误差的概念，可以用系统误差衡量实验测试结果的准确度。系统误差大，准确度就低；反之，系统误差小，准确度就高。另外，随机误差的大小也影响准确度，因此，测试结果的准确度是反映系统误差和随机误差合成值大小的程度，用测试结果的最大可能误差来表示。

为了定义和认识准确度，《测量方法与结果的准确度 第1部分：总则与定义》（GB/T 6379.1-2004）引入"接受参照值"的概念。接受参照值是指"用作比较的经协商同意的标准值"，它来自于：

①基于科学原理的理论值或确定值；

②基于一些国家或国际组织的实验工作的指定值或认证值；例如，由科学家们准确测定的物理量，如光在真空中的传播速度，元素的相对原子质量；

③基于科学或工程机构赞助下合作实验工作中的同意值或认证值；例如，化学成分分析中使用的国家级标准样品的证书值；

④当①、②、③不能获得时，则用（可测）量的期望，即规定测量总体的均值。

另外，回收试验中准确加入的某物质的质量，也可视为"参照值"。如果"接受参照值"能够准确地知道，就可以对测量值的准确度进行定量描述。

2. 精密度

精密度（precision）是指"在规定条件下，独立测试结果间的一致程度"。精密度仅仅依赖于随机误差的分布，而与真值或规定值的大小无关。精密度的度量通常以不精密度表达。在不同的场合，可以用不同的偏差形式表示精密度。常用的有：绝对偏差、相对偏差、算术平均偏差、相对平均偏差、实验标准差 s、变异系数（相对标准偏差）Cv、极差 R 或置信区间 $\pm ts/\sqrt{n}$。有时也用"允许差"表示精密度。其中，能更好地表示精密度的是实验标准差 s，精密度越低，标准差 s 越大。还有就是通过标准差引申出来的重复性标准差和再现性标准差。在测量方法标准中均应给出重复性标准差和再现性标准差（通常是给出由标准差推导出来的重复性限和再现性限），以便分析人员以其为根据，确定平行实验结果的精密度能否达标。

（1）重复性

重复性（repeatability）是"在重复性条件下的精密度"。

①重复性条件，是指"处在同一实验室，由同一操作人员使用相同的设备仪器，依据相同的测试方法，在短时间内对同一被测对象相互独立进行的测试条件"。

②重复性标准差，是指"在重复性条件下所得测试结果的标准差"，用 σ_r 表示。重复性标准差可以衡量重复性条件下测试结果分布的分散性。

（2）再现性

再现性（reproducibility）是指"在再现性条件下的精密度"。

①再现性条件，是指"处在不同的实验室，由不同的操作人员使用不同的设备仪器，依据相同的测试方法，对同一被测对象相互独立进行的测试条件"。

②再现性标准差，是指"在再现性条件下所得测试结果的标准差"，用 σ_R 表示。再现性标准差可以衡量再现性条件下测试结果分布的分散性。

3. 准确度与精密度的关系

精密度高是准确度高的必要前提。如果在一组测量值中不存在系统误差，但每次测量时的随机误差却很大，因为测量次数有限，所得测量值的算术平均值会与真值相差较大，这时测量结果的精密度不高，准确度也是不高的。

精密度的高低取决于随机误差的大小，与系统误差的大小无关；而准确度的高低既取决于系统误差的大小，也与随机误差的大小有关。

可以用打靶的例子说明精密度与准确度的关系，如图 3.2 所示。

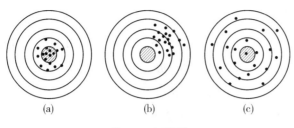

图 3.2　打靶图

图 3.2 中(a)、(b)、(c)表示三个射击手的射击成绩。网纹处表示靶心,是每个射击者的射击目标。由图可见,(a)的精密度与准确度都很好;(b)只射中一边,精密度很好,但准确度不高;(c)的各点分散,准确度与精密度都不好。在科学测量中,没有靶心,只有设想的"真值"。平时进行测量,就是想测得此真值。真值(接受参照值)、测量值、总体均值、样本均值、误差、随机误差、系统误差、残差之间的关系,如图 3.3 所示。

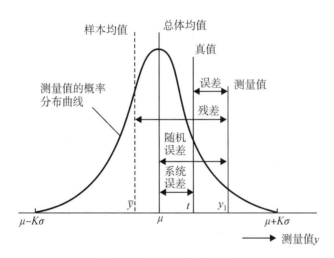

图 3.3　测量误差的示意图

3.4.3　实验数据的表达方法

实验所获得的测量数据必须选择选择合适的方法进行表达,现用方法有列表法、图示法和回归分析法。

1. 列表法

列表法是指将实验测得的数据按照因变量和自变量制成表格。列表法具有操作简单、排列整齐、数据变化规律明晰等优点。但是列表法所反映的客观规律没有图示法和函数法清晰，多用于实验数据的初步整理，大致反映实验数据的变化趋势。

在绘制列表时应注意以下几点：

(1)列表的首行(或首列)需要表明变量的名称、符号、单位以及序号；

(2)表格要有表名称、表格编号，且表格内容具有独立性；

(3)表内数据的有效数字位数须一致，小数点要对齐；

(4)自变量的取值间距尽可能相等，且所取值尽可能为整数。

2. 图示法

图解法是基于解析几何理论，将实验数据结果表示为几何图形。图解法能简明地揭示各变量间的关系，例如极大值、极小值、拐点、周期性等。利用图形作进一步的处理，还可以求出斜率和截距等。另外，根据多次测试的数据所描绘的图像，一般具有"平均"的意义，从而也可以发现和消除一些偶然误差。

使用图解法时应注意以下几点：

(1)坐标系的设置应便于读数，且反映测量结果的精密度，即有效数字设置需一致；

(2)图形布置要均匀，线条清晰光滑，且图位于图纸的中间位置；

(3)图形需要表明图名称、图例，必要时可添加简要的备注，如：图形说明、数据来源、实验条件等。

3. 回归分析法

函数法是指将一组实验数据利用数学表达式表达出来，反映自变量和因变量之间的关系。它具有方法简单和便于进一步处理数据(如：方差、微分等)的优点。现在广泛采用的是回归分析法。回归分析法是指利用最小二乘法对测量数据进行统计处理，得出最大限度符合实验数据的拟合方程式，并判定拟合方程式的有效性。将回归分析法与计算机相结合，是现在确认经验公式的有效手段之一。

对相关关系的两个变量，若用直线描述，即为一元线性回归：$y = a+bx$；若用某种曲线来描述，则为一元非线性回归。因此在数学上引入相关系数 r 来检验回归线有无意义，其大小代表了回归方程中 x 和 y 的相关关系的密切程度。

相关系数可以是介于-1 和 1 之间的任意值；当 $r=0$ 时，说明变量 y 的变化可能与 x 无关，这时 x 与 y 没有线性关系；当 $r>0$ 时，直线斜率为正值，y 随 x 的增加而增大，此时称 x 与 y 为正相关关系；当 $r<0$ 时，直线斜率为负值，y 随 x 的增加而减小，此时称 x 与 y 为负相关关系；当 $|r|=1$ 时，x 与 y 完全线性相关，当 $r=1$ 时为完全正相关，当 $r=-1$ 时为完全负相关；当 $|r|$ 越接近于 1 时，x 与 y 的线性关系越好。相关系数 r 只表示 x 与 y 线性相关的密切程度，当 $|r|$ 很小甚至为 0 时，只表明 x 与 y 之间线性相关不明确，或不存在线性关系，并不能说明 x 与 y 之间并没有关联，但两者有可能存在非线性关系。

第 4 章　专业实验

4.1 样本的采集与制样

4.1.1 概述

采样，就是指在所考察的总体中选择若干个单位，从中得到一个或数个数据，然后通过这些数据对整个研究总体的计量属性及其变化规律作出推测的方法。采样作为固体废物检测工作的一项重要环节，其收集样品的品质如何直接影响着分析结论的准确性，甚至可以成为导致分析结论变异性的重要因素。

采样测定的结果实际上只是对真值的估算，所以很难实现结果和真值一致。而这二者的最大差别，就是采样误差。对分析结果的评价主要涉及两方面的误差，即采样误差和分析误差。在分析方法操作过程中，包括试剂污染、方法的系统误差、操作的偶然误差及对仪器设备的灵敏度、准确性等大部分误差，均可通过实验室的空白和标准物质等质量控制手段加以控制和消除，但采样误差则是一个无法消除的取样技术上的缺陷，唯一的办法是尽可能的去减小。

产生取样偏差的因素有两个：一个是随机波动；另一个是取样方法的错误设计所产生的固定偏向。对于随机波动误差而言，处理的方法是，合理设定最少取样量和最小取样数，由取样数和抽样数产生的采样误差是可理论计量的。对不同粒径的固体，取样量不同，粒径分配不均的固体适当增加取样量可增加取样准确度；对不同精度要求，最少取样数也不同，适当增加取样数可增加取样准确度。但对取样方案设计错误，则只有一切重新进行了。所以，合理设计取样方法是采样工作的首要任务与关键。

4.1.2 实验设计

1. 样本数的确定

按照统计原则，样品数的多少，根据以下两个要素确定：

①样品中成分的含量与固体废物总体中成分的平均含量之间所允许的偏差，即采样精度的控制问题；

②固体废物总体的不均匀度，不均匀度越高，样品数量就越多。

所以，在取样计划设计中必须要有可以满足根据取样目的而规定精密度条件的，同时能够完成试验的最少样本数。

通常最少样品数的检验方法是：

$$n \geqslant \left(\frac{ts}{R \overline{X}} \right)^2 \tag{4-1}$$

式中：n——最小样品数；

t——指选定置信水平（在土壤环境监测中一般为 95%）一定自由度下的 t 值，可查表；

$\overline{X}$——分析数据平均值，可由其他的研究中估计；

s——分析数据标准偏差，可由其他的研究中估计；

R——可接受的平均值的百分相对标准偏差。

特别的，美国环境保护署（EPA）对最少样品数的检验，是根据废物危险特性的鉴别标准确定的。即：

$$n \geqslant \left(\frac{ts}{RT - \overline{X}} \right)^2 \tag{4-2}$$

式中：RT——危险废物的危险特性鉴别标准，如钡的 EP 毒性为 100mg/L。

这种检验方法的主要目的在于，一旦固体废物中某一种污染物质的含量或浸出液浓度接近于规定限度（标准）或其他相关标准、参考依据时，则必须要有更高的精密度加以控制。

需要注意的是，由上述方法计算出来的样品数仅是理论上满足实验需求的样品数的下限值，实际工作中还需要根据实验目的、实验精度和区域环境等因素适当增加样本数。

2. 采样方法与样本点位置的选择

固体废物的主要采样方法有简单随机采样法、分层随机采样法、系统随机采样法、多段式采样法和权威采样法等。

（1）简单随机采样法

简单随机采样法是一种最常用、最基本的采样方法，其基本原理为：总体中的任何个体成为样本的概率都是均等的且独立的。把监测单元分为网格，每个网格编上代码，然后利用掷骰子、抽签法或随机数表法确定符合样本数的采样单元。对于受污染的土壤或地表沉积物采样，也可以采用简单随机采样法。网格间距可按公式（4-3）进行计算：

$$L = (A/N)^{1/2} \tag{4-3}$$

式中：L——网格间距，量纲与 A 相匹配；

A——采样单元面积；

N——采样数。

当分析固体废物中污染物含量时，若对其分布情况一无所知或固体废物的化学特征并不具有强烈的非随机不均匀性时，简单随机采样法是较为可行的途径。如在沉淀池、贮存池以及件装容器中，选择有限单元采取废物样品时等。

（2）分块随机采样法

分块随机法是先将总体分割为若干个组成单元或将采样步骤分成若干个阶段（均称之为"块"），然后再在每一个中随机选择取样。与单纯随机采样法比较而言，该方法的好处主要是：在已知各区域间物理化学特征具有明显差异性，而区域内的均匀性又较总体特征要好时，可以利用分块式取样，减少了区域内的变异，从而使得在样本数与样品量相等的条件下，误差明显低于简单随机采样法。但若分块不正确，分块采样的效果可能会适得其反。这个分类适用于批量生成的垃圾和当废物存在非随机不均匀性而且可明确进行分类的。最少样品数量在各区域中按比例分配。

（3）系统随机采样法

系统随机法是通过随机数表或其他目标技术随机抽取某一个体作为第一个取样单元，随后从这个取样单元开始按照一定的次序和间隔确定其他取样单元进行取样，或将监测区域分成面积相等的几部分（网格划分），每网格内布设一采样点。对于长期产生或排放的废物、件装容器存放的废物等常使用此法，有时也用于散状堆放的垃圾或渣山采样。该种技术与简单随机采样法相比，有着简单、快捷、经济的特性，但当废物的某些待测成分出现未被发现的变化或周期性改变时，会降低采集的准确性和精密性。系统随机采样法的采样间隔，可采用式(4-4)计算：

$$T \leqslant \frac{Q}{n} \tag{4-4}$$

式中：T——采样单元的质量（体积）间隔；

Q——废物产生量（质量或体积）；

n——所确定的最少样品数。

（4）多段式采样法

所谓多段式采样法，是把取样的步骤分成两个或多个阶段来实施，首先选择大的取样单元，然后再在大的取样单元中选择小取样单元，但不能像前三种采集方法那样直接在总体中选择小取样单元的方式。必须注意的是，多段式采样法和分块采样法是不相同的。在分块采样中的"块"的定义，通常是指根据某种属性或者特点把总体分割为一些特性上比较相似的类、组、群等，然后再在其中选择取样单元。所以，划块主要是缩小了各个取样单元间的差别程度。而多段式抽样则是由于总体范围过大，无法直接抽出取样单元，因此利用了中间阶段作过渡，即除了在最后一阶段是直接抽出的取样单位以外，在其他阶段均是为获得抽样单位而抽出的中间单位。

多段式采样法也适用于进行生活垃圾产生数量、垃圾种类以及垃圾组分分析等的取样。

（5）权威采样法

权威采样法是一个依靠取样员对所测量目标对象的了解程度（如特性结构、抽样结构），及其所累积的操作知识来判断取样位置的方法，而这种方法中所选择的样本都是非随机样本。而按照某一容器的外形、尺寸，或按照对角线状、梅花形状、棋盘状、蛇形状等，选择采样地点并取样。虽然该方法有时也可采集到有效的试样，但在对一般废物的化学鉴定方面，建议不使用该种方法。

综上所述，假如人们对固体废物中污染物性质及其分布情况都一无所知，那么简单随机采样法就是最合理的采样方法，而如果人们对固体废物性质有了解，也就应该更多地选择采取（按所需信息数量的先后顺序）分层随机采样法、系统随机采样法，或者还可采用权威采样法。各类采样技术不但可独立应用，在某种情形下还可组合一起应用，如多段式采样法与权威采样法的组合应用等。

3. 样品采集

若采样单元空间尺度较大，在确定样本点的位置之后，需要在较大面积区域采样，可以设置多个采样点进行采样，将多个样品混合后再缩分。采样点的设置主要有四种方法：

对角线法：将采样区域的对角线分为三等份，在等分点附近进行取样，采样点通常不少于 5 个；

梅花点法：适用于面积较小，表面起伏较小，成分组成和受污染程度相对比较均匀的区域，一般设置 5~10 个采样点；

棋盘式布点法：主要应用在中等面积，表面起伏较小，成分组成和受污染程度不够均匀的区域，一般设置 10~20 个采样点；

蛇形布点法(也叫"S"形布点法)：一般应用在区域面积较大，但表面并不平整，成分组成和受污染程度不够均匀的区域，因此布设采样点的数量也较多。

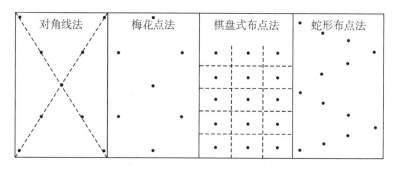

图 4.1 采样点布设示意图

判断取样点情况时，除了考虑采样误差之外，还必须考虑：

①靠近和采集样品的便利性 在采集样品时，靠近和采集废物样本的便利性差别较大。如有时只是单纯开启闸门或通过简易方法就能够取样，有时却必须借助设备或其他方法在作业工作面取样或使用笨重装置取样。

②废料形成方法 产生废料的生产工艺与废料的产生位置，形成废料的批次与批量，废料成分是否能因工艺温度及气压的不同而发生很大变化等等。

③暂时事件 在不是特定目的的前提下，行驶、停车、减速和修理、事故排放时产生的废料不代表一般状况下产生的废料，若在不知道的情况下采取到这些间歇期间的废料，将有可能得到不准确的结果。

④危险性 在采样点处很可能存在预料之中和始料不及的风险，如失手或失脚、毒气泄漏酸碱腐蚀、裸露身体接触等，故要有一定的卫生和保护措施。

4. 样品制备

制样的主要目的，是从所采用的小样或大样中得到最佳量、最有特色、能达到试验与分析目的所需要的试样。固体废物样品制作分为以下四个不同操作。

（1）粉碎

通过粉碎或研磨以降低试样的粒度。以机械方式或人工方法粉碎或研磨后，使试样分阶段地获得适当排料的最大粒度。

（2）筛分

使试样保证95%以上都达到了某一粒度的限制。按照粉碎过程排料的最大粒度，选用适当的筛号，分阶段地筛出相应粒度的试样。

（3）混合

使样品达到均匀。用机械或人工转堆法，将已过筛的在规定粒径范围的试样完全混匀，以达到均匀分布。

（4）缩分

将样品缩分成两份或多份，以减少样品的质量。试样的缩分一般使用圆锥四分法，先将试样放到平整、干净的台面上，堆成圆锥形，每铲从锥的尖端下落，使试样从锥尖端均匀地散落，小心不要将锥体中间错位，再重复转锥至少三遍，使其充分的均匀，最后再从锥体顶部轻轻压扁，摊开物料后，再以十字分样板自上至下，共分为四等份，任取对角的两等份，再反复操作几次，直到不少于1kg试样即可。

液态废物制样一般采用混匀、缩分。缩分为二分法，每次减量一半直至达到实验测定剂量的十倍即可。

5. 质量控制

质量保证（QA）的基本含义是：保证所有信息和基于这些信息作出的决策技术上可信、统计学上合理、证明文件正确的过程。质量控制（QC）过程是用来评估这些质量保证目的实现情况的方法。为了说明取样准确度和精密度的质量控制程序包含：

（1）运输空白　运输空白应与样品容器在现场同时往返，用来检查处理和运送中的污染以及交叉污染。

（2）现场空白　应按规定的频数收集现场空白，该频数是根据污染或交叉污染的概率而变化的。现场空白常常是将不含待测污染物的水样，在现场条件下使它们与空气环境接触，然后分析检测有无来自采样现场条件的污染；也有将现场空白与采样设备接触，然后分析检测有无来自采样设备的污染或以前采取的样品的交叉污染。

（3）现场平行 样品按规定的频数，在所确定的采样位置处同时采取样品和现场平行样品，用以说明精密度。由现场平行样品获得的精密度，是废物组成、采样技术和分析技术三者变异的函数。

除上述质量控制样品外，还需要建立一个完善的质量保证程序。主要涉及取样的规范操作程序、器皿和装置的校准与清洗、健康和安全要求、完备的抽样数据、取样的公正性要求等。

4.1.3 思考与讨论

1. 怎样才可以让所收集的固体样本更有代表性？
2. 固体废物收集后应如何处置和储存？
3. 对有机物进行监测时，采样人是戴塑胶手套，还是应该戴纱布手套？
4. 采样点布设时应该尽量靠近潜在污染源还是远离潜在污染源？
5. 对土壤或者一般固体废物样品采样时，为防止交叉污染，应注意哪些事项？

4.1.4 实例

1. 样本数的确定

需要对某地道路灰尘中多氯联苯（Polychlorinated biphenyl）的含量进行研究，查询历史文献与资料得到该地道路灰尘中多氯联苯的浓度范围大概为 $0 \sim 13\,mg/kg$，平均值为 $7.5\,mg/kg$，标准偏差为 $3.25\,mg/kg$，取 95% 置信度下自由度为 10 时的 t 值（$t_1 = 2.228$），设定可接受的平均值的百分相对标准偏差为 20%，则利用公式 4-1 进行计算可得：

$$n \geqslant \left(\frac{2.228 \times 3.25}{20\% \times 7.5}\right)^2 \approx 23.3$$

因为 23 比选出的自由度 10 大得多，重新选择自由度为 23，得到 t 值（$t_2 = 2.069$），则：

$$n \geqslant \left(\frac{2.069 \times 3.25}{20\% \times 7.5}\right)^2 \approx 20.1$$

亦即至少需要采集 21 个道路灰尘样品，样品数较大，主要原因就在于文献资料中灰尘多氯联苯的含量分布不均匀，因此为了降低样本量，还需要牺牲对测量结果的置信度(比如从 95%降低至 90%)，甚至放宽对测量结果的置信距(也就是可接受的平均值的百分相对标准偏差，从 20%增加到 30%)。

2. 采样

确定样本数后，需要对研究区域的相关信息进行全面的了解，决定采样方法，这里选用系统随机和权威采样的方法进行样本点的设置。正式采样前可以在样本点位置进行踩点探查，并进行合理的调整，采样在地面干燥超过 7 天的情况下正式开始。在坚硬的地面上用塑料刷子和簸箕收集道路灰尘，每个样本点的样品由 5 个子点的道路灰尘各 100g 组成，共 500g。在每个地点采集的样品都保存在自密封的聚乙烯袋中，并尽快转移到实验室。然后将样品风干 15 天，用 1000 μm 尼龙筛筛除毛发和树叶等所有杂物，并用四分法对样本进行缩分。随后，将部分筛分后的灰尘样品在 4℃下保存后进行分析。

4.2 重量分析基础实验

4.2.1 概述

重量分析是指以一定的方式把所测成分和试样内的其他成分分开后，转换成相应的称量方式，经过称量，根据称得的成分的量计算其成分浓度的方法。针对于被测成分和其他成分分离方式上的差异，有下列四种重量分析法。

气化重量法(又叫做挥发重量法)，运用成分的挥发特性，采用加热或其他方式将试样的待测成分全部挥发或逸出，然后再依据试样质量的降低测定该成分的浓度；又或者在某些成分逸出时，通过选用适当吸附剂使其完全吸附，最后再依据吸附剂质量的提高测定该成分的浓度。萃取重量法通过待测成分在不相溶的两溶液系统中溶解度的差异，将待测成分从原来的待测系统中，定量地转移到萃取的溶液系统中，而后再将有机溶液蒸干、称量干燥物以获得该组分含量。沉淀重量法，沉淀法是重量分析法研究的重要手段，被测成分以微溶化合物的形式沉淀出来，然后用沉淀过滤、水洗、烘干或灼烧，最后称量并计算其浓度。电解重量法，通过电解原理，以电子为沉淀剂使金属分子从电极表面还原并析出，进而称重，以获得金属含量。本节主要介绍沉淀重量法。

4.2.2 实验设计

1. 溶液的蒸发

蒸发溶液一般应在水浴锅中或电热板及温度较低的垫有石棉网的电炉中完成。在电热板或电炉上蒸馏时应谨慎掌握水温，切勿急剧煮沸。蒸馏前，在器皿上应覆盖表面皿，为便于挥发，应用玻璃三角片垫起表面皿。

2. 沉淀

沉淀完成的基本要求，如沉淀时溶剂的温度控制，反应试剂添加的次序、浓度、数量和速度，以及沉淀的时间等，都应当严格按照试验方法中的规定完成。沉淀前所需要的试剂溶液，其含量要求必须精确至 1%。而固体试剂则通常只需用台秤称取，溶液则可用量筒来量取。

试剂应该沿着烧杯壁注入或者沿着搅拌棒加入，同时小心勿将溶剂溅出。而一般在进行沉淀操作时，是用滴管将沉淀剂逐滴投入试液中，边加入边搅动，以防沉淀剂在局部过浓。搅动时，切勿用搅拌棒敲击和刮划杯壁。如需要在加热溶剂中完成沉淀，则尽量用水浴加热，勿让溶剂完全煮沸，以避免溶剂溅出。而完成沉淀所使用的烧杯，必须配有搅拌棒和表面皿。

3. 沉淀的过滤

（1）装置选择

滤器的选择：首先，通过沉淀在灼烧中是否会被纸灰质还原以及称量物的化学特性，决定选择过滤坩埚或者滤纸来完成过滤。如果选择滤纸，可依据沉淀物的特性和多少选用滤纸的种类和尺寸，如对 $BaSO_4$、CaC_2O_4 等的微粒晶状沉淀物，应选用小型而密实的滤纸；对 $Fe_2SO_3 \cdot nH_2O$ 等蓬松的胶状沉淀物，则必须选择较大而松散的滤纸。

滤纸的折叠和安放：首先用洁净的指尖将滤纸对折，而后再对折至呈圆锥体(每个对折时均不能手压中央，使中央有清晰折痕，否则中央或许会有小孔而造成穿漏，折时使用指尖由近中央处向外两方压折)，再置于漏斗内，使滤纸与漏斗完全紧合。若滤纸与漏斗并不十分紧合时，可略微调整滤纸的对折方向，直至完全与漏斗紧合为止。此时将三层厚滤纸的最外表面折角并撕下一些，如此才能使该处内层滤纸最好地粘贴到漏斗上。将撕下后的纸角贮存于已晾干的外表面皿中，以便下次擦烧杯时使用。注意漏斗边缘应比滤纸上沿高约 0.5~1cm。

（2）主要步骤

滤纸装入漏斗后，用指头按住滤纸三层的一侧，由洗瓶吹出细水以湿润滤纸，然后轻轻按压滤纸的边沿以使滤纸锥体上端和漏斗中间没有空隙。当按压好之后，再在其中一边加水以达到滤纸边沿，这时漏斗颈内已经全部被水填满，产生水柱。如果颈内还无法产生水柱（主要可能是因为颈径太大）时，可用手指堵住滤斗下口，然后稍稍掀起滤纸的另一侧，用洗瓶向滤纸与漏斗部中间的空隙内加水，直至漏斗颈及锥体的一部分均被水填满，但必须将颈内的水气泡全部排出。接着将纸边按紧，再放开手指，此时水柱就可以产生了。若水柱仍无法保留，则滤纸和漏斗之间就不能密合。若水柱已经成型，但里面还有泡沫，亦即纸边仍可能有细小孔隙，即可再把纸边重新按紧。当水柱准备好后，也可用纯水洗 1~2 次。

将准备好的漏斗置于漏斗架上，调整漏斗位置的水平方向，以漏斗颈尾部不碰到滤液为度。漏斗应该摆放端正，否则滤纸一边过高，在进行沉降后，这个较高的位置也不会常常被洗涤液所浸没，因而滞留一些杂质。

（3）注意事项

①过滤时，放在漏斗底部用来承接滤液的烧杯必须是干净的（即使滤液不要），一旦滤纸破损或沉淀漏到滤液内，滤液还可重新过滤。过滤时溶剂最多加到滤纸边沿下 5-6mm 的部位，一旦液面太高，溶液将由于毛细作用而越过滤纸边沿。

②在过滤时漏斗的颈应贴着烧杯内壁，使滤液顺着杯壁流下，而不致溅出。过滤过程中，应经常小心不要使滤液碰到或淹没漏斗末端。

③过滤时通常采取倾注法（或称倾泻法），即待沉淀下降至烧杯底后，将上清液先倾倒于滤斗上，并尽量不搅起沉淀。接着，再把洗涤液加到有沉淀的烧杯中，并搅起沉淀以进行洗涤，待沉淀下沉后，再倒出上清液。如此，一方面可防止沉淀阻塞滤纸，以便加速过滤，另一方面可使沉淀过程进行得更加完全。具体操作如下：待沉淀下沉，一手拿搅拌棒，垂直地持在滤纸的三层部分上（防止过滤时液流冲破滤纸），搅

拌棒下端尽量靠近滤纸,但不要触及滤纸,另一手把盛着沉淀的烧杯拿起,将杯口贴着搅拌棒,逐渐使烧杯倾斜,尽量不搅起沉淀,从而使上清液缓缓地顺着搅拌棒注入滤斗中。停止倾注溶液后,把烧杯中的搅拌棒向前提起,并慢慢扶正烧杯,保证搅拌棒不移动。倾注完毕后,将搅拌棒放回原烧杯内。用洗瓶取 20~30mL 洗涤液,并沿杯壁吹至沉淀上,搅动沉淀,充分洗涤,待沉淀下降后,再倾出上清液。如此重复清洗、过滤数次。清洗的频率,根据沉积物的特性而定,通常晶状沉积物清洗 2~3 次,胶状沉淀需清洗 5~6 次。

④想要将沉淀转移到滤纸上,可以先于盛有沉淀的烧杯内倒入少许洗涤液(加入洗涤液的量,必须是滤纸上一次性能容纳的)并搅拌,然后立即按上述方法将悬浮液转移到滤纸上(此时大部分的沉淀可从烧杯内移除。这一步很容易造成沉淀损失的风险,需要严格按照要求操作)。然后从洗涤瓶内吹出洗涤液,将烧杯壁与搅拌棒处的沉淀冲出,再搅出沉淀,照以上办法将沉淀转移到滤纸上。如此反复多次,一般即可使沉淀完全转移到滤纸上。如仍有少许沉淀较难移动,也可将烧杯斜着放在滤斗上面,烧杯口部朝着滤斗处,用拇指尖端把搅拌棒架于烧杯口处,而搅拌棒的下部则向着滤纸的三层处,用洗涤瓶中吹出的溶液,冲刷在烧杯内壁上,并刷出沉淀,再转移到滤纸上。若尚有少许沉淀黏着于烧杯壁,亦应用淀帚将其刷下,或用前面扯断的一小块干净无灰滤纸块将它擦下,再置于漏斗中,搅拌棒上黏着的沉积物,也用前面扯断的滤纸片角将其擦干,使与沉淀完全结合。然后再仔细检查烧杯内部、搅棒、表面皿等是否完全干净,如发现沉淀痕迹时,应再行擦拭、转移,直至将沉淀全部转移出来。对于部分只需焙火,而不用经高温灼烧即可完成称量的沉淀,应将其全部转移至玻璃砂芯坩埚中,移动方式也同上,只是需要同时进行抽滤。

4. 沉淀的洗涤

沉淀全部转移到滤纸上之后,就需要在滤纸上进行洗涤,以去除从沉淀表面吸附的污物和剩余的母液。清洗的办法从洗瓶中先抽出洗涤液,并让其布满洗瓶的导出管,接着将抽出洗涤液浇到滤纸的三层部分中离边界稍下的区域,之后再盘旋地自上而下清洗,并借此使沉淀聚集在滤纸圆锥体的下面,但切勿将洗涤液骤然地冲到沉淀上。

为增加清洗效果,可以每次用少许洗涤液,在清洗后尽可能沥干,之后再在漏斗上加洗涤液完成下一个清洗，如此洗涤几次。

沉淀进行至结束时，用洁净管身接取大约 1 mL 滤液（小心不能使漏斗下端触及底下的滤液），并以灵敏而又能表明结论的定性反应，来检查洗涤过程是否完成。过滤和洗涤沉淀的操作，需要不间断的一次进行。如果时间过长，沉淀就会干涸，粘成一团，这样就几乎不能洗净。

盛放沉淀及滤液的烧杯，都必须用表面皿覆盖好。过筛时倾注了溶剂之后，也应把漏斗罩好，以免灰尘掉入。

5. 沉淀的烘干和灼烧

（1）主要步骤

沉淀的灼烧通常是在洁净并预先经历了两次及以上灼烧至恒重的坩埚中发生的。将坩埚用自来水洗涤后，再放入加温的盐酸水溶液（去 Al_2O_3、Fe_2O_3）或铬酸洗液中（去油脂）浸渍十多分钟后，接着再用玻璃棒夹出，洗净并产生焙火、灼烧感。灼烧坩埚既可在高温炉内完成，也可将坩埚放在水泥三角上，下层用煤炭灯逐层加温产生灼烧感。空坩埚通常灼烧在 10~15min 内。

（2）注意事项

①经灼烧空坩埚的温度控制应与以后经灼烧感沉淀后的温度控制相同。当坩埚经灼烧感一定时期后，用已加热的坩埚钳将其夹起放在防火性能板（或泥三角）上稍冷（至红热退去），然后再投入干燥机中。过热的坩埚不要马上放入干燥器内不然和凉的瓷片接触会裂开。坩埚要仰放在桌面上。

②因为坩埚的尺寸大小和厚薄有差异，所以将坩埚完全冻结需要的时间也有所不同，通常需要 30~50min，在冷冻坩埚时摆放该坩埚的干制器也应该置于天平室内，在同一实验中坩埚的冷冻时间也应该一致（无论是空的还是有沉淀的）。当坩埚冷至温度后开始称重，把称得的量精确地记录下来。然后再使坩埚按同样的要求灼烧、冷却、称重，再反复如此的动作，直至连续二次称重后的质量之差不大于 0.3mg，即可视为已达到恒重。

③对无定型的沉淀，用搅拌棒先把滤纸片四周边缘往里折，再把圆锥体的敞口风险封上。接着再用搅拌棒把滤纸片包轻轻转动。以便擦净滤斗内部可能沾有的沉积物，之后再把滤纸片包拿起来，倒转过来成尖状或向上，放置于坩埚中。至于晶形的沉积物，也可按标准方式重新包

装后置于堆埚中。

④将包裹好的沉淀放入已恒重的坩埚内，这时滤纸的三层结构将位于最上层。把坩埚斜置于水泥三角中。接着，再将坩埚盖半掩地倚在坩埚口，这样可以通过反射焰使滤纸完全炭化。

⑤先调整煤气灯火焰温度，以慢火且平均的方式烘焙坩埚，让滤纸片的沉淀逐渐风干。这时的气温不可太高，否则坩埚容易因与水滴碰撞而爆裂。为促进室内空气燥热，可把煤气灯火苗置于坩埚盖中央下方，当升温时热空气流便反映到坩埚内层，使水汽从其中逸出。

⑥待滤纸和沉淀晾干后，再将瓦斯灯移至坩埚下部，再增加明火，使滤纸全部炭化。滤纸全部炭化时，逐步增加的火焰上升环境温度，使滤纸全部灰化。灰化也可以在温度变化较大的电炉上完成。

⑦滤纸片灰化后，可将坩埚置于高温炉烧灼。并按照沉淀特性，灼烧规定小时（如 $BaSO_4$ 为 20min）。冻结后称重，再灼烧时感至恒重。

6. 灼烧后沉淀的称量

称重法和一般称量空坩埚的办法大体上一样，但只是尽量称得快一些，尤其是对灼烧后吸湿性很高的沉积物，更应这样。有沉淀的坩埚，其每两个称重的结果之差在 0.3mg 左右的，可视为其已达到恒重。

4.2.3　数据分析与讨论

在重量分析中需要利用到换算因数，例如，在测定钡时，得到 $BaSO_4$ 沉淀 0.5051 克，应该如何换算成被测组分氯化钡的质量？按照质量守恒定律，可以得到：

$$m BaCl_2 = m BaSO_4 \cdot \frac{M(BaCl_2)}{M(BaSO_4)} \tag{4-5}$$

即：$m BaCl_2 = 0.5051 \times 208.3/233.4 g = 0.4508 g$

其中，$\dfrac{M(BaCl_2)}{M(BaSO_4)}$ 是将 $BaSO_4$ 的质量换算成 $BaCl_2$ 的质量的分式，此分式是一个常数，与式样质量无关。这一比率，通常叫做换算影响因数或化学因数（即欲测成分的摩尔品质与称量形的摩尔品质之比，常用 F 表示。换算因素可用公式（4-6）进行表示

$$F = \frac{M(待测)}{M(沉淀)} \tag{4-6}$$

札记

式中：$M($待测$)$——待测组分的摩尔质量，g/mol；

$M($沉淀$)$——沉淀称量形式的摩尔质量，g/mol。

举例：$F = \dfrac{M(SO_4^{2-})}{M(BaSO_4)}$；$F = \dfrac{2 \times M(Fe)}{M(Fe_2O_3)}$

注意：使分子、分母各含被检测组分中的原子及分子数量一致

则重量分析结果计算公式为：

$$w(\text{待测})\% = \frac{m(\text{沉淀}) \times F}{m_s} \times 100 = \frac{m(\text{沉淀}) \times \dfrac{M(\text{待测})}{M(\text{沉淀})}}{m_s} \times 100 \quad (4\text{-}7)$$

式中：$w($待测$)$——待测组分质量分数；

$m($沉淀$)$——沉淀的质量，g；

m_s——样品的质量，g。

表 4.1 　　　　　　　　几种常见物质的换算因数列表

被测组分	沉淀形	称量形	换算因数
Fe	$Fe_2O_3 \cdot nH_2O$	Fe_2O_3	$2M(Fe)/M(Fe_2O_3) = 0.6994$
Fe_3O_4	$Fe_2O_3 \cdot nH_2O$	Fe_2O_3	$2M(Fe_3O_4)/3M(Fe_2O_3) = 0.9666$
P	$MgNH_4PO_4 \cdot 6H_2O$	$Mg_2P_2O_7$	$2M(P)/M(MgP_2O7) = 0.2783$
P_2O_5	$MgNH_4PO_4 \cdot 6H_2O$	$Mg_2P_2O_7$	$P_2O_5/Mg_2P_2O_7 = 0.6377$
MgO	$MgNH_4PO_4 \cdot 6H_2O$	$Mg_2P_2O_7$	$2MgO/Mg_2P_2O_7 = 0.3621$
S	$BaSO_4$	$BaSO_4$	$S/BaSO_4 = 0.1374$

4.2.4　思考与讨论

1. 沉淀 Ba^{2+} 时为什么要在试液中加入稀热的 HCl 溶液后再沉淀？HCl 溶液加入太多会有什么影响？

2. 为什么要在热溶液中沉淀 $BaSO_4$，而要在冷却后过滤？晶形沉淀物为什么要陈化？

3. 什么叫倾泻法过滤？洗涤沉淀时，为什么用洗涤液或水都要少量多次？

4. 当测定试样中的 SO_4^{2-} 时，以 $BaCl_2$ 为沉淀剂，这时应选用何种洗涤剂洗涤沉淀？为什么？

5. 什么时无定形沉淀？形成无定形沉淀的条件有哪些？

4.2.5 实例

例 1 用 $BaSO_4$ 重量法测定黄铁矿中硫的含量时，称取试样 0.1819g，最后得到 $BaSO_4$ 沉淀 0.4821g，计算试样中硫的质量分数。

解： 沉淀形为 $BaSO_4$，称量形也是 $BaSO_4$，但被测组分是 S

$$w(待测)\% = \frac{m(沉淀) \times F}{m_s} \times 100$$

$$= \frac{m(沉淀) \times \frac{M(待测)}{M(沉淀)}}{m_s} \times 100$$

$$w(S)\% = \frac{m(BaSO_4) \times F}{m_s} \times 100$$

$$= \frac{m(BaSO_4) \times \frac{M(S)}{M(BaSO_4)}}{m_s} \times 100$$

$$w(S)\% = \frac{m(BaSO_4) \times \frac{M(S)}{M(BaSO_4)}}{m_s} \times 100$$

$$= \frac{0.4821 \times \frac{32.06}{233.4}}{0.1819} \times 100$$

$$= 36.41$$

例 2 测定磁铁矿（不纯的 Fe_3O_4）中铁的含量时，称取试样 0.1666g，经溶解、氧化，使 Fe^{3+} 离子沉淀为 $Fe(OH)_3$，灼烧后得 Fe_2O_3 质量为 0.1370g，计算试样中：（1）Fe 的质量分数；（2）Fe_3O_4 的质量分数。

解：（1）沉淀形为 $Fe(OH)_3$，称量形是 Fe_2O_3，但被测组分是 Fe

$$w(待测)\% = \frac{m(沉淀) \times F}{m_s} \times 100$$

$$= \frac{m(沉淀) \times \frac{M(待测)}{M(沉淀)}}{m_s} \times 100$$

$$w(\mathrm{Fe})\% = \frac{m(\mathrm{Fe_2O_3}) \times F}{m_s} \times 100$$

$$= \frac{m(\mathrm{Fe_2O_3}) \times \dfrac{2M(\mathrm{Fe})}{M(\mathrm{Fe_2O_3})}}{m_s} \times 100$$

$$w(\mathrm{Fe})\% = \frac{m(\mathrm{Fe_2O_3}) \times \dfrac{2M(\mathrm{Fe})}{M(\mathrm{Fe_2O_3})}}{m_s} \times 100$$

$$= \frac{0.1370 \times \dfrac{2 \times 55.85}{159.7}}{0.1666} \times 100$$

$$= 57.52$$

（2）同理可求得 $\mathrm{Fe_3O_4}$ 的质量分数，只要改变 F 的求法

$$F = \frac{2M(\mathrm{Fe_3O_4})}{3M(\mathrm{Fe_2O_3})}$$

例 3 分析某一化学纯 $\mathrm{AlPO_4}$ 的试样，得到 0.1126g $\mathrm{Mg_2P_2O_7}$，问可以得到多少 $\mathrm{Al_2O_3}$？

解：（1）沉淀形为 $\mathrm{Mg_2P_2O_7}$，称量形是 $\mathrm{Mg_2P_2O_7}$，但被测组分是 $\mathrm{Al_2O_3}$

按题意：$\mathrm{Mg_2P_2O_7} \sim 2P \sim 2Al \sim \mathrm{Al_2O_3}$

$$w(待测)\% = m(沉淀) \times F$$

$$= m(沉淀) \times \frac{M(待测)}{M(沉淀)}$$

$$w(\mathrm{Al_2O_3})\% = m(\mathrm{Mg_2P_2O_7}) \times F$$

$$= m(\mathrm{Mg_2P_2O_7}) \times \frac{M(\mathrm{Al_2O_3})}{M(\mathrm{Mg_2P_2O_7})}$$

$$w(\mathrm{Al_2O_3})\% = \frac{m(\mathrm{Mg_2P_2O_7}) \times \dfrac{M(\mathrm{Al_2O_3})}{M(\mathrm{Mg_2P_2O_7})}}{m_s} \times 100$$

$$= 0.1126 \times \frac{102.0}{222.6}$$

$$= 0.05160\mathrm{g}$$

4.3 固体废物基本物理化学性质实验

4.3.1 概述

固态物质的基本特性参数分为物理参数(水分率、容重)、化学参数(挥发分、灰分、可燃分、热值等)和生物性质参数。上述技术参数,是判断固体废物特性、选用处理处置技术、选择处理处置装置类型等的重要基础,也是在科学研究、实际工作中常常要求测定的标准参数。

(1)含水率

含水率是指将固体废物在105℃±5℃的温度下烘至恒重时,从固体废物中挥发的水分的质量与样品总体质量的质量百分比。含水率的数据中所含的水分和在废渣中的一些沸点都小于100℃的游离物,而在固体废物成分中所包括的这些化合物都是极小量的,所以含水率基本保留着它的物理价值。

(2)容重

固态废物的密度,一般包括体积密度、真密度等。体积密度是指不含游离脂肪酸或水材料的质量和产品的总重量之比(又称为容重);材料质量和材料真体积之间的差值,即为材料真实体积。对容重的计算,一般采用阿基米德理论。

(3)挥发分、灰分

挥发分简称为挥发性固体含量,是指固态废弃物温度在600℃以下时的灼烧减量,一般可用VS(%)表示。它也是反映固态废料中有机物含量的一种重要指标参数。灰分是指在固体废物中既不会焚烧,又不能挥发的化学物质,用A(%)表示。它也是反映固体废物中无机物含量的一种重要指标参数。而挥发分和灰分则一般需要计算。

(4)可燃分

将固体废物污染试样在815℃的高温下燃烧,在此高温下,除去测量的试样中所有有机化合物均被完全氧化外,金属也发生氧化,而燃烧损失的质量就是试样中的可燃物含量,即为可燃部分。可燃分反映了固体废物中可焚烧成分的含量,它既是反映固体废物中有机质含量的参考值,又是反映固体废物中可焚烧特性的重要指标参数,是选用垃圾焚烧装置的关键。

（5）热值

固体废物热值是固体废物的一种最主要的化学参数。固体废物热值的高低就意味着固体废物的可燃性，它直接关系到固体废物管理与处置技术的选择。热值也是人们研究废物焚烧特性、选择焚烧装置、选择焚烧处理技术的重要依据。按照热化学的概念，即 1mol 废物全部氧化后的反应热叫做燃烧热。而对于生产垃圾或固体废物等不能确定相对分子质量的混合物来说，其单元物质全部氧化后的反应热就叫做热值。而垃圾处理的热值则是指单元品质的废物在全部焚烧后所释放的热能。它又有高点发热值与低点加热值之分。高位发热值 Q_H（简写为高位热值或高热值）是指单元品质废物充分焚烧后，焚烧产品中的水分凝结为 0℃ 的液态水时所释放的能量。低位发热值 Q_L（简写为低位热值或低热值）是指单元品质废物在充分燃烧后，将焚烧产品中的水分凝结为 20℃ 以下的蒸汽水时中释放的热能。而高位发电效率扣除烟气和蒸汽消耗后的汽化热率，即为低点热值。但因为蒸汽的这些汽化潜热是无法得到使用的，所以在垃圾处理时通常都会采用低位热值加以考虑和使用。

4.3.2　实验设计

1. 实验仪器设备

①烘箱、马弗炉；

②电子天平；

③具盖容器、坩埚、带刻度的 1L 量杯；

④弹簧卡计；

⑤氧气钢瓶、氧气表；

⑥0～100℃ 温度计、贝克曼温度计；

⑦压片机 1 台；

⑧万用电表 1 支；

⑨变压器 1 台；

⑩铁丝若干。

2. 实验步骤

（1）含水率

①将具盖容器和盖子于 105℃±5℃ 下干燥 1h，再冷却，盖好盖子，

然后再放入干燥器中冷却(约45min);

②称量带盖容器的质量 m_0(精确至0.01g);

③用样品勺,将25~50g固体废料试样平铺在已称重的具盖容器中,盖上容器盖子,称重的标准质量为 m_1(精确至0.01g);

④放入烘箱中,打开容器盖,于105℃±5℃下干燥至恒重。盖上容器盖,置于干燥器中冷却(约45min);

⑤取出后立即称量带盖容器和烘干样品的总质量 m_2(精确至0.01g)。

(2)容重

①取适量的试样,放入量筒中浸水1h,然后取出(可采用测完1h吸水率的试样予以检测),随后称其重量 m;

②取试样注入约100mL的量筒内,然后再加入50mL水。若有试样漂浮水面,使用已知体积(V_1)的圆形金属板压入水中,读出量筒的水位(V)。

(3)灰分和挥发分

①准备2个坩埚;分别称取其质量,并记录下来;

②各取50g烘干好的试样(绝对干燥),分别加入准备好的2个坩埚中(重复样);

③将盛放所有测定试样的坩埚置于马弗炉上,在600℃下烧灼约2h,然后取出并冷却;

④分别称重并测定含灰量,最后结果取平均数。

(4)可燃分

其分析过程基本同挥发分的计算过程相同,所不同的是灼烧温度。

①准备2个坩埚,分别称取其质量,并记录下来;

②各取50g高温烘干过的试样,分别加入准备好的2个坩埚中(重复样);

③将盛放所有测定试样的坩埚置于马弗炉上,在815℃下灼烧1h,然后取出并冷却;

④分别称重并测定含灰量,最后结果取平均数。

(5)热值

①样品压片法:用台秤量称取1g左右的苯甲酸(切勿超过1.1g)。然后准确量取直径为15cm长的铁丝。把铁丝穿在模子的底板内,底下

再填以金属托板，接着徐徐地旋紧压片机的螺钉，直至完全压紧试样为止(以免压断铁丝而导致试样点燃无法快速点燃出来)。接着抽去模板下的托板，再不断地向下做，如此则试样与模底同时脱落并将此试样在分析天平上，准确称重后便可供燃烧使用。

②充氧气：在氧弹内添加 1mL 蒸馏水，然后将在样品片上的铁丝绑扎并紧固在氧弹的两个电极上。同时开启氧弹出气道，并旋紧氧弹盖子。用万用电表检测进气管电极和另一个电极的通道。若通路则在旋紧出气道后便能充氧了。

③燃烧和测量温度控制：取已充好空气中的氧弹再用万用电表测试有无通路，如通道可将氧弹置于水分的汽化套层中。用容量杯精密地量取已被调节至低于水温 0.5~1.0℃ 的自来水 3000mL，再注入盛塑料球中。安上搅拌电动机，在罩上覆膜后，将已调整好的贝克曼水温测定器置入水中，将氧弹两高压电极与皮质电极的连接于点火变压器上。然后开动搅拌发电机，待水温稳定上升时，以每隔 1min 为宜读贝克曼水温测定器一次(读数时用放大镜准确读至千分之一度)，如此持续约 10min，然后按下交流变压器的电键通电点燃。当交流变压器的指示灯点亮后熄灭掉且气温快速上升，就说明氧弹的样品已经点燃，即可暂停按电键；如果灯点亮又未熄灭，说明铁丝没有烧断，应立即加电引发点燃；如果指明红灯根本不点亮或加电又未灭，同时气温又不见快速上升，就应该在气温上升至最高点后，读数仍为 1min 一次，并持续 10min，方才可终止试验。

试验暂停后，注意取下温度测定仪，随后拔出氧弹，并开启氧弹的出气口，以释放余气，结束再旋出氧弹瓶盖，以检验试样燃烧的结果。如氧弹中没有任何可燃的残渣，则说明燃烧充分；如果氧弹中有很多黑色的残渣，则说明点燃时间不充分，试验失败。而点燃后剩下的铁丝长短也需要用尺计量，将数值记录下来。最后倒掉去的自来水，并擦干净盛水桶待下次试验时使用。

④固体状试样试验法：将混匀中有代表性的生活废弃物及工业固体废物捣碎，制成平均颗粒大小为 2mm 的碎粒；如含水量较高，则宜于在 105℃ 以下烘干，并记录水分含量，然后根据名称选择在 1.0g 左右，便同法完成了上述试验。

⑤流动性试样的测量：油流动性污泥或不能压成块状物质的试样，

应将温度系数 1.0g 左右置于小皿，铁丝中间部分浸于试样内，两端与 高压电极相接，同法完成此试验。

4.3.3 数据分析与讨论

（1）含水率

样品中水分含量 w_{H_2O} 和干物质含量 w_{dm}，分别按照公式（4-8）和公式（4-9）进行计算：

$$w_{H_2O} = \frac{m_1 - m_2}{m_1 - m_0} \times 100\% \qquad (4\text{-}8)$$

式中：w_{H_2O}——固体废物试样中的水分质量（以质量分数计），%；

m_1——所有有盖容器以及固体废物样品的总质量，g；

m_2——所有带盖容器以及烘干样品的总质量，g；

m_0——带盖容器的质量，g。

$$w_{dm} = \frac{m_2 - m_0}{m_1 - m_0} \times 100\% \qquad (4\text{-}9)$$

式中：w_{dm}——固体废物试样中的干物数量（以质量分数计），%；

m_1——所有有盖容器以及固体废物样品的总质量，g；

m_2——所有有盖容器及烘干样品的总质量，g；

m_0——带盖容器的质量，g。

（2）容重

固体废物的颗粒容重计算公式如下：

$$\gamma_k = \frac{m \times 1000}{V - V_1 - 50} \qquad (4\text{-}10)$$

式中：γ_k——固体废物颗粒容重，kg/m^3，计算精确至 $10kg/m^3$；

m——试样重量，g；

V_1——圆形金属板的体积，mL；

V——倒入试样和放入压板后量筒的水位，mL。

（3）灰分和挥发分

600℃下的含灰量可由以下公式计算：

$$A = \frac{R - C}{S - C} \times 100\% \qquad (4\text{-}11)$$

式中：A——试样灰分含量，%；

R——灼烧后坩埚和试样的总质量，g；

S——灼烧前坩埚和试样的总质量，g；

C——坩埚的质量，g。

则挥发分（VS）计算：

$$VS = (1-A) \times 100\% \tag{4-12}$$

（4）可燃分

815℃下的含灰量可由以下公式计算：

$$A' = \frac{R-C}{S-C} \times 100\% \tag{4-13}$$

式中：A'——815℃下试样灰分含量，%；

R——灼烧后坩埚和试样的总质量，g；

S——灼烧前坩埚和试样的总质量，g；

C——坩埚的质量，g。

则可燃分 CS（%）计算：

$$CS = (1-A') \times 100\% \tag{4-14}$$

（5）热值

测定热效应的设备，叫做量热计（卡计）。虽然量热计的品种繁多，但在本试验中采用的都是弹簧卡计。计算基本原理为：根据热量守恒定律，当试样充分点燃释放的热量导致了弹簧卡计本身，以及周边的溶剂（本实验用水）的温度上升，而通过计算周边溶剂在点燃左右温度的变化规律，便能够求算该试样的燃热值，其运算方式如下：

$$m\,Q_v = (3000\rho c + C_卡)\Delta T - 2.9L$$

式中：Q_v——燃烧热，J/g；

ρ——水的密度，g/cm^3；

c——水的比热容，J/（℃·g）；

m——样品的质量，kg；

$C_卡$——量热计的水当量，即量热体系温度升高 1℃所需的热量，J/℃；

L——为铁丝的长度，cm（其燃烧值为 2.9 J/cm）；

3000——实验用水量，mL；

ΔT——温度差，℃。

弹簧卡计的水当量（C 卡）通常用纯净苯甲酸的点燃热来表示，苯甲

酸的恒容点燃热 $Q_v = 26460 \mathrm{J/g}$。为确保试验的准确度，充分点燃是试验的一步。要确保样本充分点燃，氧弹中需要足够压力氧气(或是任何抗氧化剂)，所以需要氧弹的密闭、抗高压、耐腐蚀性，并且粉剂或试样也需要压制为片状，以避免在充气时会冲散试样，使点燃时间不充分而造成的试验偏差；第 2 步，还需要将点燃后所释放的热能不分散，而是全部传导给卡计自身以及其所盛放的水中，从而使得卡计和水中之间的水温提高。为降低卡计和周围环境发生的热交换，将卡计置于一套恒温的套壳中，所谓环保恒压即壳体内恒温卡计。卡计壁需较高抛光，也就是为降低热辐照。在卡计与套壳中间有一道挡屏，以降低气流的相对流速。但尽管这样，热漏仍然无法完全避免，所以对爆炸前温度变化的测量还需要经过雷诺图法校准。

4.3.4 思考与讨论

1. 研究固体废弃物灰分、挥发分与可燃分之间的联系。
2. 固体废物灰分、挥发分和可燃分测定的意义。
3. 在试验中测定的电能效率与高热值和低热值的相互关系
4. 固定态试样和流态试样的热值测量方法有何不同？
5. 在使用氧弹卡仪测定化学废物的比热值中，有哪些因素可以影响测定数据的准确度？

4.4 危险废物浸出实验

4.4.1 概述

"危险性废料"是指已纳入我国危险性废料名单，或按照我国法律规定的危险性废料鉴定准则及鉴别方法鉴定的有一定危害特征的垃圾。危险性废料有侵蚀性、急性中毒、淋失中毒、化学反应性、传染性。其中浸出技术毒性试验是指，按规定的浸出技术程序，对固体废弃物经过了浸出试验，浸出液中含有某种或某种以上危害成分的物质含量，达到了鉴别标准值的化学物质。危害废物浸出液的制法一般分成倾斜法和水平振动法两类。

放射性特征沥滤技术(TCLP)是指国家政府部门为实施国家自然资

源保护法的环境复原法而对危险废料和固态废料的处理，该技术通过浸提物控制固相含量废料的酸碱度和翻动的方法。TCLP 分析研究的目的在于鉴定液态、固态等城市废弃物的大量放射性元素的迁移性。该研究可以检测出固体废物中可转移有害物质的浓度，对于危险废物等固体废物的控制有着重大的价值。

4.4.2　实验设计

1. 实验试剂

①试剂水：使用符合待测物质分析规范中规定的纯水。

②冰醋酸：优级纯

③1mol/L 的盐酸溶液

④1mol/L 的硝酸溶液

⑤1mol/L 的氢氧化钠溶液

2. 实验仪器设备

①振荡设备：转速为 $30\pm2r/min$ 的翻转振荡装置(KYZ 型全自动翻转式振荡器)

②过滤设备：真空过滤器或者正压过滤器(容积≥1L)

③滤膜：玻璃滤膜或者微孔滤膜，孔径 $0.6\sim0.8\mu m$

④pH 计：在 25℃时，精度为 ±0.05

⑤实验天平：精度为 $\pm0.01g$

⑥烧杯或者锥形瓶：玻璃，500mL10

⑦筛：孔径为 9.5mm

3. 实验步骤

(1)提取剂的配置

将 5.7 mL 冰醋酸溶入 500mL 去离子水中，再加入 1mol/L 的 NaOH 64.3mL 定容至 1L，用 1mol/L 的 HNO_3，或 1mol/L 的 NaOH 调节溶液 pH 值，使之保持在 4.93 ± 0.05 范围，得到提取剂 1。将 5.7mL 冰醋酸溶入去离子水中，定容至 1L，保持溶液 pH 值在 2.88 ± 0.05 范围得到提取剂 2。

(2)含水率的测定

将取 $50\sim100g$ 的试样放入具盖容器中，并于 105℃的条件下烘干，并恒重至二次后称重量值的偏差为 $\pm1\%$，以估计试样的含水量。试样中存在初始液相时，应当将试样加以压力过滤，然后测定滤渣的含水量，并按照样品量测定试样的干燥固液比例。经过含水量测定后的试样，不能通过浸出毒性测试。

（3）样品的破碎

样品的粒度一般能够通过 9.5mm 口径的筛分，对大的粒径可以采用粉碎、剪切和研磨减小尺寸。

（4）确定使用的提取剂

取 5.0g 样品至 500mL 烧杯或者锥形瓶中，加入 96.5mL 的去离子水，用磁力搅拌 5min，测定 pH，如果 pH<5.0，用提取剂 1，如果 pH>5.0，用提取剂 2。

（5）浸取步骤

当试样中存在初始溶液后，即可采用加压过滤器和滤膜完成试样筛选。干固体比例低于 5% 的，将所获得的原始溶液即为浸出液，并直接予以定量分析。干固体比例大于或等于 5% 的，则将滤渣按下列方法浸出，最初溶液和浸出液相结合后再予以定量分析。

称取 75～100g 试样，放入 2L 的桶内，按照试样的含水量，按液固比的 20∶1（L/kg）算出所要求的浸提剂的比重，再加入浸提剂，盖紧瓶盖后安装于翻转的震荡设备上，调节速度约为 30±2r/min，在 23±2℃下振动约 18±2h。当震荡环境中有空气出现后，就必须定时地从通风橱上开启空气提取罐，以排出不必要的压力水。在高压过滤网中先放置好滤膜后，用稀硝酸淋洗过滤器的滤膜，然后弃去淋洗水，再清洗所得的浸取水。

4.4.3　数据分析与讨论

危险废物重金属浸出率由以下公式进行计算

$$\eta_{浸} = \frac{M}{M_0} \times 100\% \tag{4-15}$$

式中：M_0——危险废物中重金属物质的量，mg/kg；

M——危险废物浸出的重金属物质的量，mg/kg；

4.4.4　思考与讨论

1. 测试危险废物的浸出毒性有何意义？

2. 有哪些因素会影响危险废物的浸出率？试分析其影响。

3. 影响测量误差的主要原因有什么？该怎样降低测量误差？

4. 为何重金属检测结果中最多只保留了三个有效数字？

5. 通过对比不同浸出程序的试验结果，试析产生结果中不同的影响因素，并探讨对固体废物处理及处置策略的重要意义。

4.4.5 实例

污水总量很大，而且重金属物质在各种性质污水中的组成、浓度、形态分布有所不同，所以通过固化/稳定化技术处理污水中的重金属物质是一个比较经济可行的途径。污水中存有着大量有机质，在堆填区的厌氧条件下易生成大量厌氧消化物质形成的有机酸，再加上强酸雨等强酸溶剂的出现，易导致污水中有机重金属物质的大量溶出。

现对经脱水污泥及强度破坏试验后产生的固化体碎片，用来展开对有机重金属 Cd 的浸出特性试验。利用 TCLP 技术，对固化体实行了倾斜振荡式的标准浸出试验，以醋酸液作为标准浸提剂，将污泥固化体被流入填埋场后，水中的重金属在填埋场外渗筛液的作用下，在污泥凝固体内浸出的过程。

在浸出毒性实验之前，对其试样的配制尤为重要。其试样的生产过程主要包括：将预处理的水泥饼置于 105℃ 烘箱预热，并堆放 24h 以上，将烘烤后的水泥饼置于密闭式振动粉碎机，将破碎后的水泥饼收集并贮存。最后选取 300g 试样，添加 60g 清水，拌匀，再置于模内压制成形，以获得样品试件抗压强度。

然后再将取样试块分成两份，一份根据 TCLP 方法持续完成浸出所得浸出水，另一份则根据以下方法持续完成消解所得消解溶液：(1)精密称取 0.1g 试样，放入瓷坩埚中，用少许水润湿，加入 0.5mL 浓硝酸钇和 10mL 王水；(2)将瓷坩埚放在电炉上升温，反应至完全冻结，使残液不少于 1mL；(3)在残液中再添加约 5mL 氢氟酸，并持续予以降温加热至约 1mL；(4)终于一次加入 5mL 高氯酸并升温至 1mL；(5)取下瓷坩埚，淬火，加入去离子水，进一步高温煮沸使盐类水解，再予以淬火；(6)将最终残液移入 50mL 容量瓶内，用水洗坩埚并加入牛王水至总酸度的 2%，并定容至刻度。

将已制备的浸出液和消解液，用分子吸附火焰分光光度法或 ICP-AES 法测定溶剂中有机重金属 Cd 的含量，并计算其浸出率 η。

4.5 重金属元素的测定

4.5.1 概述

固体废物在堆放过程中，因为土壤疏松率很大，实际的有效空间往往比土壤孔隙率还要大。这将使堆积物的通透性提高，在雨水、积雪以及自身所载水的影响下，污染物被淋溶出，或由渗水通过堆置层流入泥土和地表面，最后进入地下水体中。工业的固体废弃物中也存在着大量重金属物质，包括 Hg、Cd、Pb、Cr 等，这些重金属物质分子在雨水、积雪等本身所载水分的影响下被淋溶出来，在流入泥土和地下水中后引起对泥土和地下水的重金属物质环境污染。

作为地球地壳中的天然组成部分之一，重金属无法进行天然分解甚至消失，这导致重金属在大自然中往往会出现生态累积问题。生物累积现象，指的是一种化学元素的浓度在生命有机体中随着时间的增长而逐步积累提高的情况，且通常大大超过自然环境中的天然浓度。在土壤中重金属和固体废弃物中的生物累积现象早已受到了不少发达国家的普遍重视，特别是在发达国家，频频出现了因为对富含土壤中重金属的废电子产品处理不当，而导致环境中重金属浓度积聚增加的情况。

正如上述所指，由于环境中的重金属物质和有机物质并不相同，在通常状况下都无法完全自我降解，其浓度也已超过了一般环境所能接受的范围。同时，也因为城市中固体污染物往往会被当作环境化肥使用在农产品方面，这种具有危害性的环境中重金属物质也会经由部分农作物产品直接流入人体和动物的消化系统里，威胁人体和动物的生命健康，所以对于环境中的重金属物质，做好重金属检测必不可少。而为防止环境和食物供应链中的重金属物质所造成的急性和慢性影响，相关风险分析人员往往会对废物填埋场、垃圾站和存储着城市固体废弃物的地方，通过一系列的方式在城市固体废弃物中，采集、抽取和贮存富含重金属物质的样本进行重金属含量评价。

4.5.2 实验设计

1. 实验试剂

①盐酸：$\rho(HCL) = 1.19g/mL$，优级纯或高纯；

②硝酸：$\rho(HNO_3) = 1.42g/mL$，优级纯或高纯；

③氢氟酸：$\rho(HF) = 1.49g/mL$；

④双氧水：$\omega(H_2O_2) = 30\%$；

⑤硝酸溶液：2+98；

⑥硝酸溶液：5+95；

⑦单元素标准储备溶液：$\rho = 1.00mg/mL$；可用高纯度的金属（纯度大于 99.99%）或金属盐类（基准或高纯试剂）配制成 1.00mg/mL 含硝酸溶液⑤的标准制备溶液，或可直接购买有证标准溶液。

⑧多元素标准储备溶液：$\rho = 100mg/L$；用硝酸溶液⑤稀释单元素标准储备溶液，或可直接购买多元素混合有证标准溶液。

⑨多元素标准储备溶液：$\rho = 1.00mgL$；用硝酸溶液⑤稀释标准储备溶液（⑦或⑧）。

⑩内标标准储备溶液：$\rho = 10.0mg/L$；宜选用 6Li、45Sc、74Ge、89Y、103Rh、115In、185Re、209Bi 为内标元素。可直接购买有证标准溶液进行配制，介质为硝酸溶液⑤。

⑪质谱仪调谐溶液：$\rho = 10.0\mu g/L$；宜选用含有 Li、Y、Be、Mg、Co、In、Tl、Pb 和 Bi 元素的溶液为质谱仪的调谐溶液。可直接购买有证标准溶液配制。

⑫氩气：纯度不低于 99.99%

注：所有元素的标准溶液配制后均应在密封的聚乙烯或聚丙烯瓶中保存。

2. 实验仪器设备

①电感耦合等离子体质谱仪（ICP-MS）：能够扫描的质量范围为 6～240 amu，在 10 %峰高处的缝宽应介于 0.6～0.8amu；

②微波消解装置：具备程式化功率设定功能，微波消解仪功率在 1200 W 以上，配有聚四氟乙烯或同等材质的微波消解罐；

③天平：感量 0.1mg；

④尼龙筛：0.15mm（100 目）；

⑤滤膜：水系微孔滤膜，孔径 0.45μm；

⑥赶酸仪：温度≥150 ℃；

⑦一般实验室常用仪器和设备。

3. 实验步骤

(1)试样的制备

移取固体废料浸出液约 25.0mL，放入消化罐中，再加 4mL 硝酸②和 1mL 盐酸①，将消化瓶放入微波消解装置中予以消化。消解后迅速冷至常温，并小心开启消解罐的外覆膜，随后将消解罐置于赶酸仪上，以 150℃ 的敞口赶酸至内溶物快干，在冷至常温时，先用去离子水溶解内溶物，随后将溶液转移至 50mL 的罐内，用去离子水定容至 50mL。在检测时采用滤膜筛选，或取上等清液进行检测。

对于固体试样或已干化的半固态试样，直接命名为由 0.1~0.2g 筛后的试样；而对于液体及不可干化的固体试样，则直接命名为样品 0.2g，并精细加工至 0.0001g。取试样放入消解罐内，加 1mL 盐酸①、4mL 硝酸②、1mL 氢氟酸③和 1mL 双氧水④，再将消解罐放入微波消解装置中消解。消解后步骤同上。

针对特殊的基体样品，如采用上述消解液消化不彻底者，可相应加大酸剂量。如果产品通过试验后能够达到本规范的产品质量控制和质量保证要求，也可采用电热板等其他的消解方式。

(2)仪器调谐

点燃等离子体后，将仪器预热保持约三十分钟。用质谱仪快速调谐水溶液过程⑪对仪器设备的敏感度、氧化物和双电荷加以调谐，在仪器设备的敏感度、氧化物、双电荷均满足要求的条件，将质谱仪得出的快速调谐水溶液过程中含元素信号强度的相对标准偏差为≤5%时。在所包含待测元件的质量倍数区域内完成了产品质量校准和分辨率校测，如产品质量校准结果和实际数值差距大于±0.1amu，或快速调谐元件信息的物理分辨率在 10% 峰高处，所对应的峰宽差大于 0.6~0.8amu 的区域内，则根据仪器设备使用说明书的规定将产品质量校准至适当数值。

(3)校准曲线的建立

分别将相应容量的多金属标准使用溶液⑨与内标标准储存溶液⑩于容量瓶内，用硝酸液⑤进行稀释，配置出金属单质含量分别为 0μg/L、

10.0μg/L、20.0μg/L、50.0μg/L、100μg/L、500μg/L 的校正系。内标标准储存溶液⑩可直接添加在校正系内，也可在试样雾化前使用蠕动泵直接在线加入。由于所选内标的含量要远大于试样中所需内标式成分的含量，因此所用的内标式含量范围为 50.0~1000μg/L。并采用 ICP-MS 方法进行计算，以各成分的平均含量比为横坐标，再以响应值与内标式响应值的比为纵坐标，从而形成了校正曲线。校准曲线的检测范围可以按照检测要求加以改变。

（4）试样与空白的测定

每个试模测量之前，用硝酸溶液⑥冲洗系统直到信号下降至最低点，待分析信号平稳后才可进行测量。然后把配制好的试模，加入与校准曲线上同样量的内标标准中，在同样的仪器与分析要求下进行测量。如果试样中的待测元素含量超过校准曲线范围，须经溶剂稀释后进行计算，在稀释液中采用硝酸溶液⑤。并根据与各试模一致的计算条件，确定了空白试模。

（5）质量保证和质量控制

①每批试样中最少要分析两个空试模。而真空值应满足以下的条件之一，可以被看作可以采用的方法：（1）真空值宜小于方法检出限；（2）小于标准限值的 10%；（3）小于每一个试样的国际标准计算极限的 10%。

②每次分析应建立标准曲线，曲线的相关系数应大于 0.999。

③每分析 10 个试样时，应分析一个校正曲线的中间含量点，其测量结果与实际含量值相比误差应为 ≤10%，否则就应该寻找原因并重新设置校正曲线。所有的试样分析方法结束后，应继续采用下一个曲线上最低点的分析方法，其计算结果与实际浓度值之比较误差应 ≤30%。

④在每次分析中，试样表内标的响应值都要介于标定曲线响应值的 70%~130%，否则表示传感器出现了漂移或有问题的现象，需找出问题后再进行进一步分析。如果是由于基体干扰，则必须经过稀释后的检测，而如果是由于样本中存在大量内标方式元素，则必须更换内标方式并增加其内标式元素含量。

⑤在每批试样中，应当最少分析一种样品空白(2%硝酸)加标，其加标回收率应当在 80%~120%。也可采用有证的标准样品代替加标，其标定值应在规范所规定的范围内。

⑥每批试样中必须至少检测一个基体的加标或者对一个基体重复加标，所检测的加标回收率必须在75%～125%，且二次加标后试样与检测值的误差必须在20%之内。如果不在区域范围，应注意存在基体干扰，应通过稀释样品或提高内标方式含量的途径减少影响。

4.5.3 数据分析与讨论

试样中的各待测金属元素质量浓度ρ_x按照公式(4-16)进行计算。

$$\rho_x = \frac{\left(\dfrac{A_x}{A_{is}} - a\right) \times \rho_{is}}{b} \times k \qquad (4\text{-}16)$$

式中：ρ_x——试样中待测金属元素的浓度，μg/L；

$\quad\quad A_x$——待测金属元素定量离子响应值；

$\quad\quad A_{is}$——与待测金属元素相对应的内标定量离子的响应值；

$\quad\quad \rho_{is}$——内标元素的浓度，μg/L；

$\quad\quad k$——稀释倍数；

$\quad\quad a$——校准曲线的截距；

$\quad\quad b$——校准曲线的斜率。

对固态和已干化的零点五固态固体物质中的待测元素的含量ω(mg/kg)按照公式(4-17)进行计算。

$$\omega = \frac{(\rho_x - \rho_0) \times V}{m_3} \times \frac{m_2}{m_1} \times 10^{-3} \qquad (4\text{-}17)$$

式中：ω——指固体废弃物中待测量金属元素的平均浓度，mg/kg；

$\quad\quad \rho_x$——由校准曲线所得到的试模中待测元素的平均含量，μg/L；

$\quad\quad \rho_0$——空白试样的待测元素含量，μg/L；

$\quad\quad V$——在消解后可以测定试样的定容体积，mL；

$\quad\quad m_1$——样品的称取量，g；

$\quad\quad m_2$——干燥后样品的质量，g；

$\quad\quad m_3$——称取过筛后试样的质量，g。

对于液体和不可干化的零点五固态固体废物中金属元素的含量ω(mg/kg)按照公式(4-18)进行计算。

$$\omega = \frac{(\rho_x - \rho_0) \times V}{m_3} \times 10^{-3} \qquad (4\text{-}18)$$

式中：ω——固体废物中待测金属元素的含量，mg/kg；

ρ_x——由校准曲线计算试样中待测金属元素的浓度，$\mu g/L$；

ρ_0——空白试样中待测金属元素浓度，$\mu g/L$；

V——消解后试样的定容体积，mL；

m_3——样品的称取量，g。

在固体废物浸出液中待测金属元素的浓度 ρ（$\mu g/L$）按照公式(4-19)进行计算。

$$\rho = \frac{(\rho_x - \rho_0) \times V_2}{V_1} \tag{4-19}$$

式中：ρ——固体废物浸出液中待测金属元素的含量，$\mu g/L$；

ρ_x——由校准曲线计算测定试样中待测金属元素的浓度，$\mu g/L$；

ρ_0——空白试样中待测金属元素浓度，$\mu g/L$；

V_1——浸出液取样体积，mL；

V_2——消解后试样的定容体积，mL。

对于固态物质，当测量数据低于 10mg/kg 时，保存至小数点最后一个；当测量数据超过或等于 10mg/kg 时，则保存最后三个正确数据。对固体废弃物浸出液，当测量数据低于 10$\mu g/L$ 时，则保持小数点的后一个；当测量数据超过或低于 10$\mu g/L$ 时，则保持前三位的正确数据。

4.5.4　思考与讨论

1. 分析为何所有器皿都需用的（1+1）HNO_3 水溶液浸渍 24h 后，再用去离子水清洗后使用。

2. 在往消解瓶添加酸性水溶液时，应当仔细观察瓶内的化学反应状况，如有强烈的化学反应，待反应完成后再将消解瓶封存。

3. 针对疑似环境污染较严重的城市固体废物，先采用半定量分析法扫描样本，以判断待测金属元素含量的多少，防止过高浓度样品污染仪器。

4. 应用于微波消解产品时，注意消解罐中的温度控制与压强控制，在消解时也要检测消解瓶密封性。检验方式是：在消解罐注入试剂和消解液时，盖住消解瓶并记称重量（精确到 0.01g），并在消解后的待消解罐冷却至一定温度时，重新称重，记出对每个罐的称重。若消解后的称重值较消解时的称重下降大于 10% 时，放弃该样品，并找出原因。

第5章 综合性设计实验

5.1 校园垃圾的分类与资源化

5.1.1 实验目的

随着中国城镇化进程的逐步推进以及民众生存水平的日益改善，城市生活垃圾量正以年均 5%~8% 的速率上升。中国每年的垃圾总量位居世界前列。到目前为止，中国全省大约 2/3 的大中型都市，似乎都存在着"垃圾包围城市"的严峻形势。目前，国内废弃物存储所侵占的土壤资源面积已达 5 亿平方米。据统计，中国居民每年产生的城市生活垃圾中有 6000 万吨可循环利用的资源，可使用但未使用的垃圾价值约 38.3 亿美元。为了减少废物量、提高垃圾回收效率，解决固体废物造成的环境污染和资源浪费问题，我们需要对垃圾分类方式和资源化利用形式进行研究。

中国在北京、上海和广州开展了垃圾分类试点工作。但由于经验不足、宣传力度不够、民众意愿不足、基础设施不完善，实际效果并不理想。因此，如何促进人们自觉实施垃圾分类行为已成为亟待解决的问题。从信息交互干预的角度来看，居民垃圾分类行为受到外部奖惩、情景信息和个人心理偏差信息的影响，如市场激励、政府激励、环境意识等。大学校园是社会的缩影，包含着各种各样的社会和科学活动。作为一个受过高等教育的群体，大学生所掌握的专业知识和技能有助于他们更好地理解和实施垃圾分类。因此，大学生可以成为垃圾分类的先行者。大学通常有明确的废物管理系统。高校固体废弃物分布较集中，废弃物种类多相似。这些因素可以使固体废物分离操作更容易，成功率更高。大学生毕业后进入社会，也会为社会带入垃圾分类的意识。

垃圾资源化，是指把产生可使用价值的生活废物转变成二次资源或者再生资源等的行为。从中国目前情况来看，不仅城市的生活垃圾事态严重，而且资源情况更是不容乐观。中国尽管是资源国家，但是由于人口基数过大，人均资源占有率仍不及国际平均水平，而且生活资源的使用率很低，这一状况也在一定程度上影响着中国的经济社会发展。而根据国外对生活废弃物的处置实践研究，针对已形成的生活废弃物，最好的处置途径便是从中处理并使用最有价值的生活废物，即废弃物资源化。生活废物的资源化一方面把已污染环境的生活垃圾化为了能够再使用的资源或物品，从而降低了生活废物的总量，有效维护了自然环境；这样，也就能够降低公众对资源的索取与消耗数量，达到自然资源的可持续使用，从而间接地保护环境；另外，废弃物资源化也能够增加政府有关单位的效益。

5.1.2 基市原理

校园垃圾，是指学生在平常校园生活中或是为在校园生活中进行服务的人员，所形成的固体废物。学校废弃物通常可以分成以下四种：无毒无害的废弃物、餐厨废弃物、环境有害废弃物及其余废弃物。其中，无毒无害的废弃物一般分为：①废纸：一般包含报纸、纸盒、办公室用纸、刊物、藏书、各类食品包装纸等，但纸巾和厕纸因为水溶性较高而无法处理；②塑胶制件：一般包含各类塑胶袋、瓶子、一般塑胶用具、硬塑胶等；③金属材料：一般包含各类易拉罐、铁皮罐头盒等；④玻璃：一般包含各类塑胶瓶、碎玻璃片、镜面、暖杯等；⑤布匹：一般包含废弃衣物、毛毯、包、旧鞋子等。餐厨垃圾一般包含：余料剩饭、碎骨、菜根菜叶、水果等食品类废弃物。有害废物一般包含：电池、日光灯管、水银寒暑表、过期药物、过期化妆品等。而其余垃圾堆则包含：除以上几类废弃物之外的砖瓦瓷器、渣土、厨房垃圾、纸巾等无法处理的生活垃圾和草木、落叶。但在实际分类过程中有诸多难题需要解决。一来是垃圾分类知识的普及，虽然大学生群体具有较好的受教育基础，但是也有很大一部分对与垃圾分类方式的了解不够清楚；二是垃圾桶的分布设置，垃圾桶设置时需要按什么密度设置，是否每个垃圾点处都需要将四类垃圾桶全置下；除此之外，还有垃圾车清运时需要怎样操作才会让垃圾更好地以分类后的状态进行处理等。生活垃圾的分类是这一类固体废物处理和资源化利用的前提所在。

目前，国际上对于垃圾处理通常都坚持"3R"的基本原则上，即减量运用（Reduce）、反复运用（Reuse）、循环运用（Recycle）。将中国常规的生活垃圾处理方式分为：回填处理过程、垃圾焚烧处理过程、垃圾堆肥处理过程。中国常规的回填方法是指取一空间，将日常生活废弃物填入已准备好的有防水渗漏基础垫层的槽中盖土并挤压，让其进行生物、物理、化学的变化，以溶解有机质，从而实现减量化和无害性的目的。

但此法不仅运用了时间限制、耗费土壤资源，还耗费了日常生活垃圾处理中的可回收资源，以及渗筛液的问题危及了地下水系统。而焚烧处置方法就是直接把废弃物放入高热的（1200℃）炉中，将废弃物中的可燃成分完全氧化、释放热能，最后再转化成可燃气体和稳定的固态残渣并杀死病毒细菌的办法，所生成的热能也可用来发电和供热。但由于此法燃烧后所生成的烟雾中通常带有二噁英等高温废气，对处置条件需求也较高。而且此法的装置制造工艺和技术人员比较复杂，且一次性投入较大，若处置条件不良则很易加重大气污染。废弃物堆肥处置方法是把生活废弃物聚集成堆，经保温或 70℃ 贮存、发酵，再利用生活废弃物中微生物溶解的力量，将有生活废弃物中的有机质加以降解，通过废弃物堆肥处置后，生活废弃物变为稳定的、无味的腐殖质，为农作物所使用。但此法的前提条件是将废弃物分类后，未分拣的废弃物成分较复杂。而通过机器分类则会使许多有害的物质随堆肥产品流入土地，并继续产生环境污染。

随着国内外气候、能源结构、人民生活水平、风俗习惯等的巨大差异，日常生活废弃物的物质组成也存在着很大差别。但废物资源化成为日常生活废物减定量、物资化、无毒化等综合解决的主要目标之一，依然是世界各国的主要努力方向。国家的废物处理工作主要经过了无害化管理阶段、在无害化性基础上防止再产生二次污染阶段、逐步改善自然资源性质以降低环境污染负担阶段、以源头避免为主自然资源性质的高度发展阶段这四大阶段。目前发达国家一般处在第三阶段并向第四个阶段发展，而中国还处在第一阶段，只是少数的大城市处在第二阶段，与发达国家相比存在一定的差距。目前，生活废物资源化的方式基本上包括三类：垃圾利用、物质转换、能源转化。所谓垃圾利用，也就是通过分类处理生活废弃物中的无毒无害废弃物以进行再循环使用，无毒无害的材料包括纸张、金属、玻璃、树脂等。物质转换主要指通过使用废弃物中的特定成分制造出新物，比如堆肥处理、废弃物制砖等。而能量转换就是利用化学反应的生物转换原理，把废弃物中的能量重新产生并进行使用，比如垃圾的焚烧、热解等。目前，物质转换的最主要方式是堆肥，而能源转化的最主要途径则是燃烧。

而校园中的废物大多是能够循环使用的物资，下面是垃圾处理的方法：

札记

①塑料 再生废塑料能够变废为宝。校园废弃物中的材料一般都能够还原成再生塑料制品，能够利用生产为建材、饮料罐等。所有的塑料制品，比如盛放豆浆、粥的一次性玻璃杯、塑料桶、食品包装袋等都能回收炼燃油。另外，热解树脂还能得到甲苯等芳香烃类物质。而再生树脂不但能够避免白色污染，而且节省了能源。

②纸 大学生生活垃圾中纸张的来源很广且产生数量大，报纸、期刊、教学资料、一次性纸杯，以及快递、食品包装等的包装箱等。废纸也可用作造纸的原材料，有资料表明：1t 废纸就可以制造 0.8t 的好纸，能够挽救 17 棵大树。随着纸制品的大规模利用，中国的林地面积越来越小，严重威胁到自然环境。废纸利用法不但能够减轻对造纸原料的压力，还能够环保。

③金属 许多废金属都可被直接回收使用，且生产工艺也较简单。金属回收使用提高了生产金属产品的原材料，也减少了金属产品的生产成本，从而增加了效益。

④玻璃 玻璃的回收使用工艺也比较简单，利用废玻璃可再制造新玻璃，如有色玻璃、压花玻璃等，还可作为建筑材料。这既节约了制造玻璃的原料，又减少了制造中的能耗与环境污染。

⑤电池 电池中富含铁、铬、锦、锰、汞、铅等有害重金属，以及危险的废酸、废碱，如果任意废弃就会污染水体和土地，不但损害环境还影响人们的健康。如 1t 废电池，经拆解后可回收成 0.385t 锰、0.06t 锌、0.003t 铜、0.005t 塑料、0.006t 碳棒等。

5.1.3 实例

1. 校园垃圾的分类

本实验设置为对校园垃圾产生与分类情况进行研究，并对其进行堆肥处理。

按照校园的各方面功能区特点将学校分为几个调查功能区：宿舍区、教职、餐饮区、运动区、教学区、办公区与其他区域，具体分区方式可根据研究地点酌情调整。调查各区内废弃物回收容器的安装地点、位置、类型。并在整个研究范围内，选取最有代表性的特定收集容器作为取样地点。采样点可根据 4.1.2 中进行设置。调查各区主要垃圾类型，结果如表 5.1 所示。根据前文中关于废弃物分类和资源化的探讨，最后确定的调查区域中废弃物包括玻璃、金属、塑料、废电池、纸、餐厨、草木和其他共八类。

表5.1 　　　　　　　　　各调查区主要垃圾类型

调查区	垃 圾 类 型
教学区	废塑料袋、塑料杯、废纸、卫生纸、饮料瓶、果皮
办公区	废纸、废塑料袋
宿舍区	废纸与纸箱、塑料袋和塑料包装、饮料瓶、果皮、卫生纸、衣物
教职区	废塑料袋与塑料包装、废纸和纸箱、厨余、各种饮料瓶、果皮和果核、废金属、电池、玻璃
餐饮区	废塑料袋、塑料杯子、一次性筷子、卫生纸、厨余、鸡蛋壳
运动区	各种饮料瓶、易拉罐、塑料袋

向有关人员询问学校垃圾收集、清运的方法，通过查询有关资料掌握学校垃圾分类收集清运的各种方式和流程，并向有关部门工作人员询问校园垃圾收集清运的时限和期限，以此为依据设计调查线路。根据环卫工作人员时间、同学的上班时间和学校布置以及其他有关情况，选择了在调查时间内的每日早上8:00进行了实验统计。调查路线为每天早上8:00开始实验统计。路线为教学楼A→教学楼B→教学楼D→教学楼C→办公区→宿舍区→教职区→运动区。在垃圾清运时对取样点处开展了垃圾类型调查，分别登记了每周各取样地点处各种垃圾的总数量。并根据每周监测数据所得出的信息，制作了数据表，如表5.2。通过调查的表格统计结果，可以分析校园中不同范围内垃圾的特征。

表5.2 　　　　　　　　　校园各个区域内垃圾组成

		塑料(kg)	纸(kg)	电池(个)	金属(kg)	玻璃(kg)	餐厨(kg)	草木(kg)	其他(kg)
教学区	A								
	B								
	C								
	D								

札记

	塑料 （kg）	纸 （kg）	电池 （个）	金属 （kg）	玻璃 （kg）	餐厨 （kg）	草木 （kg）	其他 （kg）
办公区								
餐饮区								
宿舍区								
教职区								
运动区								

经研究表明，在教学区废弃物中的可回收成分和可堆肥成分所占比例比较高，和餐饮业区废弃物组成状况也比较接近，且垃圾桶数量过满时，可在教学区和餐饮业区的监测点实行"塑料+纸+厨余"的分类管理模式，设定为三个垃圾桶，使垃圾分类回收，且减轻垃圾箱压力。教职区与宿舍区的废弃物组成中厨余、果皮的比例较大，如果经过简单的分类后用于堆肥，垃圾堆肥产物就可用于校园园林绿化使用。不但降低了废弃物外运的代价，也提高了校园废弃物资源利用性质的比例。其他地区的学校废弃物处理过程主要成分都是塑胶和纸张，这两类东西都是可回收使用的，所以学校废弃物管理资源利用化的发展空间很大。而源头划分仅是学校废弃物管理资源利用化的一步，要确保资源利用化的实施，就必须在学校废物再收运的整个流程上进行分类收运。而由于不少地方的学校垃圾处理，在收运的每个过程中都是使用的混合回收方式，所以就必须在学校废物再收运时进行改变，并且将源头划分后的学校废物再收运的整个流程中也进行了划分。

2. 校园垃圾资源化设计

经调研后发现，校园垃圾中厨余垃圾占了很大比重，因此，在进行较完善的垃圾分类前提下，可对校园垃圾进行堆肥处理。具体步骤如下：

（1）前处理

将日常生活废弃物用作堆肥原材料时，因为日常生活废弃物中存在大块的不可堆肥的材料，所以需要粉碎和分选的处理过程工序。通过粉碎和分层，除去不可堆肥物料，改变杂质的粒度。

前处理设备一般分为：收料、给料、粉碎、筛选、搅拌、运输等机械和相应构筑物，如破袋筛分一体机、板式给料机、带磁力的选矿带式输送机、人工分拣台等。

（2）发酵

主发酵过程通常在露天的发酵设施中完成，采用翻推或强制通气方式向堆积层的发酵设施中提供空气。在经过露天堆肥处理或发酵设备内的堆肥处理后，因为原料与环境中存在的微生物影响，进行了发酵过程，首先使易降解产品的水解，形成了 CO_2、H_2O 和热量，使堆温增加。然后微生物吸收了有机物的碳氨营养成分后，在微生物自身生长中，使细菌内吸附的营养物质迅速水解而形成了能量。

建议的发酵厂房建设规格为长 60m、宽 9m、高 5~6m，盖顶采用了阳光板，让太阳热量可以通过阳光板来增加发挥厂房温度，从而促进了发挥物质起始温度的增加。上面预留换气孔，以方便将材料在发酵时形成的蒸汽等废气分散排除，而四面墙均为砖混结构，留好了窗户。

发酵初期，营养物质的生成、溶解等作用都是通过产生的最适宜环境温度为 30℃~40℃ 的中温菌完成的。但伴随堆温的增加，产生最适宜环境温度为 45℃~50℃ 的高温菌株逐渐代替了中温菌，在 60℃~70℃ 甚至更高的环境温度下，才能实现最高效率的生物分解。氧气的供给状况，以及保温隔热措施的完好程度对堆肥处理的温度上升都有重要关系。而环境温度则是表示微生物生长活跃程度的重要参数，若环境温度太低，则表示气体容量减少或放热反应水温下降，最后分解才达到终点。

通过将主发酵的半成品被送入后发酵过程中，使主发酵供需未溶解的易降解有机质与一些不易溶解的有机质进行相互溶解，使其成为腐殖酸、氨基酸等比较稳定的有机质，从而获得完全成熟的堆肥处理产物。这个阶段的持续时间一般为 20~30d。

（3）后处理

城市生活垃圾在堆肥时，经发酵好之后的熟化生有机物料，通常包括了大量的小砂石等杂物以及未经充分腐熟的物质等，在经过预分选工序后未能除去的塑胶、玻璃、金属、小砂石等物质仍然存在，且颗粒大小也还较大。为进一步提高堆肥质量，还必须设置后热处理的工艺，去除杂物，并根据需要进行再破碎。后处理的机械设备，主要分为过滤设备、粉碎设备、造粒设备，以及打塑料包装袋的机械设备。

（4）脱臭

堆氮反应的各道工序中都有恶臭产物生成，主要是 NH_3、H_2S、甲基硫醇、胺类等。因此堆肥场应设置通风系统，将恶臭气体经通风系统直接排入生物滤池中进行处理。通风系统的生物滤池处理设备根据实际工艺条件和恶臭气体的释放状态设置了技术参数，生物滤池处理中的填充料含水量保持在 40%~50%。

5.1.4　思考与讨论

1. 目前我国试行了哪几种垃圾分类方式？校园垃圾的分类按哪种方式更加合理？

2. 对收运来的垃圾进行分拣时，采用机械分拣和人工分拣的优缺点分别是什么？

3. "拾荒者"这一群体给生活垃圾资源化处理带来了哪些好处和坏处？

4. 校园垃圾更适合采用好氧堆肥还是厌氧消化进行处理？为什么？

5. 堆肥化工艺的主要影响因素有哪些？其主要控制参数又是什么？

5.2　地表沉积物污染溯源分析

5.2.1　实验目的

城市地表灰尘作为地表沉积物中最重要的部分之一，近十几年来受到了人们的热点关注。它作为周围环境中重金属的主要载体之一，其重金属来源于交通排放物（废气、机油、车辆磨损、刹车衬里、腐蚀的建筑材料沥青、汽车零部件和油漆降解）、工业排放（冶炼厂、焚化炉、铸造厂和钢铁厂），建筑施工以及大气颗粒物的干湿沉积。在城市地区，地表灰尘中与交通有关的金属污染问题，受车辆类型、交通量和行为、土壤参数和气象条件等因素的影响。由于具有持久性和缺乏生物可利用性、生物可降解性，灰尘中富集的重金属通过直接和间接的人体接触对人类健康构成了很大的风险。

在地表灰尘区，重金属污染存在显著的地域性质和分配不均衡特性，受到各种不同污染源的影响。道路污染物中的重金属来源，通常包括了人造来源和天然来源。人为因素包括交通污染、工业活动、建筑施工等。自然来源则主要取自街道附近土壤的二次吹灰。重金属（Pb、Cu、Zn、As、Mo、Ni 和 Ti）受不同污染源和地面粉尘的影响较大；Ni 主要来源于合金制造；Cd、Hg、Zn、Fe、Ba、Cu、Pb 主要来源于车辆交通的尾气排放；Zn 和 Fe 通常来自轮胎的磨损；而 Ba、Cu、Fe、Pb、Zr 主要来源于刹车器的制动磨损。不同的重金属来源不同，想要对灰尘重金属的污染进行更好的风险管理和控制，对其来源进行探究是非常必要的。

5.2.2　基市原理

目前对源分析的理解大致存在于两个层面，第一层面只要求通过定性判别出环境介质中所有重要污染的源头种类，简称为源识别（source identification）；第二步则是在源识别的技术基础上，定量测算出各种对污染源的贡献程度，叫做源分析（source apportionment），后二者又合称为源解析。

环境污染源分析方法，是一门对事物源头作出定性或量化研究的方法，一般分为来源清单法、以环境污染源为目标的扩散模式和以环境污染领域为目标的受体模式。源清单法通过研究和计算各种源类的污染因素和影响程度，评价各种资源的总量，通过排放量来确定对感受器有贡献的重点污染源。该方法结论简单清晰，但面临的污染因子不确定性较大、人类污染活动低水平资源短缺、各类能源排放量无法精确计算等问题。扩散模型法主要从污染源入手，通过污染源排放清单和污染传递流程来评价各种源类对受体环境的贡献。通过运用扩散模型法不但能够得出各种源类在三维空间中的分布情况和贡献，同时还可以区别出本地污染源和外部传输源。但是因为所需源清单具有较大不确定性和污染物复杂的转移变化过程，导致大气污染源类和受体间的关联无法确立，该方案的使用受到较大的局限。为了克服上述这两个方法中出现的问题，人们产生了受体模拟法，利用对土壤样本和水排放源样本中对源类型具有指示意义的示踪物加以解析，定性识别受体的源类型，从而定量分析地判断各种来源对受体结合的贡献。与源清单法和扩散模型法比较，受体模拟不需要专门研究各源类的释放因子数量及其活跃程度，也不需要追踪释放因子的传递途径，就可以直接对受体状态进行检测。受体模型技术是当前土壤物质资源分析工作中最重要的手段。

表 5.3　　　　　　　　　　源解析方法优缺点对比

模　型	流　程	优　点	缺　点
源清单 （排放清单）	排放源分类，排放清单建立，定性或半定量识别主要排放源	能够找出重点污染源及其对空气质量的相对影响	排放清单会存在不完整性，排放因子复杂且计算过程复杂，分析结果存在较大的不确定性
扩散模型	选择空气质量模型，建立高分辨率的排放清单源，空气质量模型的模拟计算	可以估算到每一个源的排放情况，利用污染综合治理规划	难以确定天然源、无组织排放源的排放情况
受体模型	样品采集，化学成分分析，颗粒物源类和受体化学成分谱的构建、不同受体模型软件的使用分析	可有效解析开放源的贡献，不受污染排放条件等的限制，能够确定受体大气的主要污染源类，避免主要污染源遗漏	模型假定污染物模式在传输和扩散中不会改变，不适用于二次颗粒物污染信息

　　同位素法是受体模型中的一类技术，它根据同位素的质量守恒原理，利用检测受体样品中的稳定性同位素或辐射性，来辨别污染物的重要来源。目前使用较多的是使用铅同位素和锶技术，来鉴定或分析土壤中的重金属污染源。其中，铅在自然环境中有四个重要的稳定性同位素：^{208}Pb、^{207}Pb、^{206}Pb、^{204}Pb，此三者都是辐射性成因同位素。铅比较稳定同位素组成特征因在转化过程中，基本不受自然物理生化转变过程的干扰，因此可以作为一个"指纹"识别并区分铅的各种来源。目前定量分析土壤中铅污染物源所用的模型一般有两类：二元模型和三元模型，二元和三元模型都在土壤铅污染物源分析中有较成熟的运用。二元模型一般仅应用于定量分析中只有两种一般土壤铅大气污染源的情况，源贡

献率计算公式如式(5-1)所示：

$$f_i = \frac{(^{206}\text{Pb}/^{207}\text{Pb})_s - (^{206}\text{Pb}/^{207}\text{Pb})_B}{(^{206}\text{Pb}/^{207}\text{Pb})_i - (^{206}\text{Pb}/^{207}\text{Pb})_B} \tag{5-1}$$

式中：f_i——相对源 i 的相对贡献率；

　　　s——受体样品；

　　　B——自然背景。

当研究三种主要铅污染源和样品的同位素特性时，也可以采用建立三元模型来确定对各污染源的相对贡献率，计算公式如式(5-2)所示：

$$\begin{cases} (^{206}\text{Pb}/^{207}\text{Pb})_s = f_1(^{206}\text{Pb}/^{207}\text{Pb})_1 + f_2(^{206}\text{Pb}/^{207}\text{Pb})_2 + f_3(^{206}\text{Pb}/^{207}\text{Pb})_3 \\ (^{208}\text{Pb}/^{206}\text{Pb})_s = f_1(^{208}\text{Pb}/^{209}\text{Pb})_1 + f_2(^{208}\text{Pb}/^{206}\text{Pb})_2 + f_3(^{208}\text{Pb}/^{206}\text{Pb})_3 \\ f_1 + f_2 + f_3 = 1 \end{cases}$$

$$\tag{5-2}$$

式中：f_1、f_2、f_3——三个主要污染源的相对贡献率；

　　　s——受体样品。

根据对环境中有机质的来源分析结果，可通过稳定碳同位素来识别污染物的来源。目前，固定碳同位素方法主要运用在区分 PAHs 认定的化石燃料焚烧与微生物燃烧两个来源，使用范围相对较窄。与 Pb 同位素方法相似，根据同位素守恒原则，在研究 PAHs 认定的单体物质的固定碳同位素组成基础上，还可以利用构建二元模式来测算对各污染源的贡献。二元模型计算公式如式(5-3)所示：

$$C = Af + B(1-f) \tag{5-3}$$

式中：C——样品中碳同位素的丰度；

　　　A——碳同位素在化石燃料中的特征丰度；

　　　B——碳同位素在生物质中的特征丰度；

　　　f——化石燃料燃烧对 PAHs 的相对贡献率；

　　　$(1-f)$——生物质燃烧对 PAHs 的相对贡献率。

5.2.3　实例

采用同位素法对研究区域地表灰尘重金属元素进行溯源分析。首先需要对研究区域的基本情况有一个较全面的了解，包括研究区域的地质概况、面积、人口分布、工业布局、建筑工地分布、道路交通情况等，这是进行溯源的基础。然后根据 4.1.2 中介绍的方法确定采样点的数量、采样方法和空间位置。采样需要在连续七天无雨的情况下进行，使用刷子和塑料手铲从研究区域代表性机动车道的路边收集地表灰尘。代表机动车道可以依照车流量分为城市主干道、次主干道和副干道等几个等级。每条道路设置 2~3 个采样点，城市主干道处任意两个采样点之间的距离不小于 1km，次主干道处距离不小于 500m，副干道处距离不小于 100m。所有道路灰尘样品在洁净室风干后用 0.1mm 筛均质后分析。

首先，将 0.0500g 用于重金属测量的样品用 HNO_3-HF 在密封的聚四氟乙烯容器中 180° 消化 24 小时。其次，移动容器盖，在电热板上 140℃ 烘干。干燥后依次加入 Rh 溶液、HNO_3 和去离子水，然后容器在 140℃ 密闭加热 5 小时。最后，用去离子水稀释混合溶液至 50ml，用电感耦合等离子体质谱(ICP-MS)测定重金属 Pb 和 Sr 的浓度。整个过程中使用的试剂均为优级纯，每 10 个样品使用重复试剂和方法试剂空白，保证质量控制，重复样品的相对标准偏差需小于 10%。此外，还使用 GSS-5、GSS-7 标准品对分析数据的准确性和精密度进行检验，结果要求各目标重金属的分析误差均在 10% 以内。

对灰尘样品以及各铅源处样品进行铅同位素分析。采用 ICP-MS 测定 Pb 同位素比值。将内标铊(TI)加入消解液中进行重金属分析，然后将消解液稀释测定铅同位素组成。采用内标法测定铅同位素比值有助于克服质量偏差。在 ICP-MS 中采用外推法，导出 Pb 同位素数据时勾选 "Bias Correction" 框，校正 Pb 同位素比值测量时的质量偏差。我们测定 ^{204}Pb 时，可能存在 ^{204}Hg 的干扰。对于铅同位素的测定，我们在 ICP-MS 碰撞反应池系统中使用反应气体有助于克服这种等压干扰。每 3 个样品前，使用认证标准物质进行校准和质量控制。

对灰尘样品以及各锶源处样品进行锶同位素分析。采用静态多收集器 VG354 热电离质谱法测定锶同位素比值。测定 ^{87}Sr 时可能存在 ^{87}Rb 干扰。锶同位素测定采用 GB/T 17672-1999《锶同位素测定方法》。因此，样品在测定前采用阳离子交换柱分离(0.168~0.084 mm)。在大多数情况下，这种技术可以处理 ^{87}Rb 干扰。每 3 个样品前，使用认证标准物质进行校准和质量控制。

以 $^{206}Pb/^{207}Pb$ 为纵轴，$1/Pb$ 为横轴作同位素源解析图，显示不同铅源的同位素组成和浓度，澄清和分离不同的铅源。观察灰尘样品和各铅源处的铅同位素比值变化范围，若存在三个铅源，可采用三端元模型对道路灰尘中三个铅源处同位素对总铅的贡献进行定量分析，$^{206}Pb/^{207}Pb$ 是最适合精确分析的同位素，且随时间变化很小。因此，以 $^{206}Pb/^{207}Pb$ 值作为三元混合模型的参考，通过式(5-2)来确定三种来源对道路灰尘的贡献率。

以 $^{87}Sr/^{86}Sr$ 为纵轴，$1/Sr$ 为横轴作同位素源解析图，用来识别人为源和自然源的 Sr 来源。人为源和自然源对 Sr 同位素的贡献可由式(5-4)和式(5-5)计算得出：

$$Sr_{anthropogenic}(\%) = \frac{(^{87}Sr/^{86}Sr)_{sample} - (^{87}Sr/^{86}Sr)_{nature}}{(^{87}Sr/^{86}Sr)_{anthropogenic} - (^{87}Sr/^{86}Sr)_{nature}} \qquad (5\text{-}4)$$

$$Sr_{nature}(\%) = 100\% - Sr_{anthropogenic}(\%) \qquad (5\text{-}5)$$

式中：$Sr_{anthropogenic}$——人为源对 Sr 同位素的贡献率；

Sr_{nature}——自然源对 Sr 同位素的贡献率。

5.2.4 思考与讨论

1. 地表沉积物除城市地表灰尘外还有哪些？其污染状况又如何？

2. 城市道路灰尘污染和土壤污染有什么异同点？

3. 地表灰尘的采样方式有几种？有什么需要注意的事项？

4. 源解析方法中受体模型有哪几种？它们的优缺点又是什么？

5. 能否用同位素法测定其他重金属的来源？若不能，还可以采用什么方法？

5.3 电子废弃物的产量预测

5.3.1 实验目的

利用城市矿山、工业废弃物等二次资源生产金属，具有低能耗、低 CO_2 排放、经济和环境综合效益等优点，并能解决资源枯竭问题。电子废弃物(E-waste)是典型的城市矿产资源。2019 年，全球产生电子垃圾约 5360 万吨，它也是世界上增长最快的固体废物之一。过去五年，全球电子废弃物年均增长率为 4.6%，是全球 GDP 增长率的 1.8 倍。电子废弃物中含有大量有价元素，如 Cu、Au、Ag、Sn、Pb、Zn、in、Ta 等，其中大部分被纳入欧盟、美国等国家的关键技术金属清单。电子垃圾的回收利用因其产量大、增长快、经济价值高而受到全世界的关注。

2015 年 5 月，国务院政府办公室出台了《中国制造 2025》的行动纲领。这一纲领根据建成全球制造业强国的战略目标，明确提出我国要全面实施绿色制造工程。2016 年 1 月，工业和信息化部会同发展改革委等八个主管部门出台了《电器电子产品有害物质限制使用管理办法》。在原《电子信息产品污染控制管理办法》基本上，新《方法》扩展了限制使用的有害物质适用范围并改进了商品有害物质限制使用的方式。2016 年 8 月 19 日，工业和信息化部出台了配套《中国制造 2025》的《绿色制造工程实施指南（2016—2020 年）》。《指南》还提出，将重点实施废旧电器电子产品的整体拆解和多组分资源性质利用，并明确至 2020 年，生产者责任延伸机制将获得根本性发展。这一系列重要文件的出台，在为中国电子工业绿色发展创造了优越政策环境的同时，也必将促进电子垃圾回收与再利用等行业的蓬勃发展。

有效的利用体系是中国电子产品垃圾循环利用现代化的根本条件。目前，中国电子产品废弃物利用的主要方式有三种，即个人利用、电子产品供应商的换购利用以及电子产品垃圾企业利用。在上述三种方式中，个人回收占有了绝对的主导地位；向生产商换购回收产品在"以旧换新"的政策实施之后也发挥着十分关键的作用，但近年来收集数量已大大减少；而对于电子垃圾的利用才刚刚开始，直接面向普通市民的利用项目还没有形成一定规模。电子垃圾组成成分繁杂，目前的技术下，并没有对每一种物品都进行环保处理，往往形成新的污染。CRT 显示屏、印刷电路板等的环保处置问题是中国目前消费电子产品废弃物处置企业中常见的技术性难点。如 CRT 显示屏中存在着大量的金属铅，通过土法熔化处理回收金属铅是最常用的处理技术。这项工艺生产成本相对较低，却带来了大批烟雾等剧毒的副产物，并造成了重金属环境污染。目前电子产品废弃物资源化的生产大致分为两种：一种是早期拆解生产，一般涉及铝合金、玻璃、铜等各种制品；另一类是金属深加工制品，通常含有金、银等贵金属。与重宗制品的重要原料不同，通常被改性或被降级使用，因此生产价值相对较小，也降低了其原性质价值的经济效益。

5.3.2 基市原理

电子垃圾由各种报废电子设备组成，其组成和物理尺寸差异很大。研究者和工程师在处理这些二次物料时一般遵循"拆卸-破碎-分选冶金分离"的原则。印刷电路板是电子设备的关键部件，数以百计的小配件精密地组装在有机聚合物板上。废旧印刷电路板的处理是电子垃圾回收的关键环节。为了找到处理废旧印刷电路板的合适技术，人们进行了大量的研究，这些方法可以分为三大类，即物理分离、湿法冶金回收程序和火法冶金过程。

在典型的物理分离处理中，废旧印刷电路板被粉碎成小块，然后根据其重力、磁性、颜色等因素被分离成不同的组。可以生产出富金属粉末和富树脂粉末。而这些产生的材料，如富树脂粉末、混合电子元器件等，均属于有害固体废物。此外，贵金属在废旧印刷电路板中的回收率与物理分离程度呈负相关。这些缺点严重限制了物理分离技术在实际中的应用。湿法冶金技术通常采用"浸出—净化—沉淀/电积"的方法从废旧印刷电路板中回收有价金属，由于其技术门槛低、过程易于控制，在过去被广泛应用。然而，这些工艺流程长，消耗大量浸出试剂，只能回收数量和种类有限的有价金属。废水、浸出渣等废弃物中往往含有重金属、浸出液和有机物，应进一步处理。废旧印刷电路板中有价值的元素，如 Au、Ag、Cu、Br 可以从不同的物料流中进行有效的回收，玻璃渣可固化有毒元素如 Hg、Cd、As 等。整个过程实现了资源利用与有毒物质处理的统一。火法冶金技术已被广泛认为是废旧印刷电路板加工领域的首选方法。

5.3.3 实例

1. 电子废弃物产量预测模型

对电子产品垃圾的预测估计模式，一般包含了市场供给模型、市场供给 A 模型、斯坦福模型、时间梯度模型等。市场供给模型是通过电子产品的总销售数量，或者电子产品的平均值寿命周期来预测废旧电子总量的模式，交易市场提供模式的设计前提条件是假定所销售的电子在平均值寿命周期后被丢弃，而延寿期前仍被人们持续利用，并且这些电子的预计生命周期为固定，即这种废旧电子电器的总产生数量可以用 n 年前(n 为该产品的平均寿命期)的电子数量。而市场供给 A 模型则和市场供给模型很相似，只不过对于电子产品预计延寿引入了时限分布系数，即假设每年的电子产品都服从于几个不同的寿命周期，并给出了相应的电子数量。斯坦福模式和产品供给 A 模式类似，只是考察了产品寿命周期分布及随时机的变动，尤其适合于手机这种产品淘汰速率变动极快的 IT 行业产品。而时间梯度模型则通过社会保有量测算产品报废量，并通过市场销售数据及其个人和行业的社会保有量情况进行评价。

2. 模型的应用

用最适合于中国实际情况的"市场供给模型"估测家用电器垃圾的生成总量。利用商品销售量和产品寿命对家用电器垃圾产生率作出预测，如式(5-6)所示：

$$G_t = \sum_{i=1} \{P_{t-i} \cdot f_t(i)\} \tag{5-6}$$

式中：G_t——t 年国内电子废弃物产生量；

P_{t-i}——$(t-i)$ 年国内销售量；

$f_t(i)$——寿命分布函数。

国内销售量可通过国内生产量、进口量与出口量的差值算得，这些数据可从中国统计年鉴和信息产业年鉴中获得。$f_t(i)$ 可通过威布尔分布累加函数获得，如式(5-7)、(5-8)所示：

$$W_t(y) = 1 - \exp\left[-\left\{ \frac{y}{y_{av}} \right\}^b \cdot \left\{ \Gamma\left(1 + \frac{1}{b}\right)^b \right\} \right] \tag{5-7}$$

$$f_t(i) = W_t(i+0.5) - W_t(i-0.5) \tag{5-8}$$

式中：y——产品寿命；

y_{av}——t 年内平均寿命；

b——表示偏差分布的威布尔分布参数；

Γ——伽玛函数。

产品的平均寿命 yav：可利用多元回归分析研究，得到某些耐用品的特性和期望寿命的关联，得到如 CRT 电视、空调、电冰箱、洗衣机和电脑等的参数，yav 数值分别是 12、12.7、11.8、10.1 和 6.6。

威布尔分布函数参数值 b：电子耐用品参数 b 值在 1.7~3.3，但有研究证实 CRT 电视、空调、电冰箱、洗衣机和电脑的参数 b 值依次是 3.1、2.2、2.8、2.8 和 2.6。

一般而言，国商品消费的成长主要包括以下四个过程：初期阶段，快速增长时期、市场饱和期间、衰退时期，如阶段性的价格变化若不考虑因素的话，中国商品消费的总增长数量将沿"S"形曲线上升，未来中国的四大类家电（空调、洗衣机、电脑、电冰箱）的国内销售额将呈现前迅速上升、后增速趋缓的趋势。基于国内销售量数字，再代入社会供应量的方法可以计算得出家电废弃数，而在 2022 年以后的销量数字则是未知的，所以，根据对 2012—2022 年中国家电销售额的上升趋势进行了研究，可以确定增长率，预计在 2022—2027 年以后的总销量数字。

表 5.4 　　　　　　　　主要家用电器模块组成和平均重量

产品类型	模块组成					平均重量 /kg
	钢材 /%	铝材 /%	铜材+铜电缆 /%	塑料 /%	线路板 /%	
电冰箱	47.6	1.3	3.4	43.7	0.5	55.0
洗衣机	51.7	2.0	3.1	35.3	1.7	40.0
空调	45.9	9.3	17.8	17.7	2.7	50.0
CRT 电视	12.7	0.1	3.9	17.9	8.7	23.9

对废家电模块构成和主要物质成分进行了分析，表 5.4 所列家电模块成分和平均比重。测算 CRT 电视废弃量时，需先测算出 CRT 电视的市场销售额，而 CRT 电视的市场销量则为彩色电视销量和 CRT 电视年销量份额乘积，资料资源大部分取自我们国内的统计资料年鉴和相关信息企业报表。该研究中，以选择在我国家电产业中使用最广泛的十三种金属材料为主要研究目标，并按照深黑金属材料（铁），轻金属材料（铝，锶，钡），有色重金属物质（铜，铅，锌，钴，锡，秘）和贵金属（金、银、把）做出了划分，家电废弃物的最有价金属量，按式(5-9)和式(5-10)进行计算。

$$m_i(t) = \sum M_i(t) \cdot C_i \tag{5-9}$$

$$M_i(t) = n(t) \cdot \overline{M} \cdot C \tag{5-10}$$

札记

式中：$m_i(t)$——家用电器废弃物中有价金属量；

$M_i(t)$——家用电器废弃物模块含有价金属部分重量；

C_i——模块中有价金属含量；

$n(t)$——家用电器废弃物数量；

$\overline{M}$——家用电器废弃物平均重量；

C——模块组成。

5.3.4 思考与讨论

1. 电子废弃物的危害主要体现在什么方面？
2. 我国颁布了哪些关于电子垃圾回收处理相关的法律法规？
3. 我国电子垃圾污染现状如何？
4. 我国电子垃圾回收产业仍处于粗放无序状态的原因有哪些？
5. 国外有哪些电子垃圾回收处理体系或举措值得我们借鉴？

5.4 粉煤灰的综合利用

5.4.1 实验目的

工矿业垃圾品种很多，状况复杂多变，排放量也很大，中国每年排出的高炉矿渣大约2100万吨，煤矸石约1亿吨，粉煤灰8000万吨，钢渣700万吨等。据统计，目前中国国内外堆积的高焊渣大约有1亿吨，面积15000多亩。冶金工业每年因为弃高渣所耗费的经费有数千万元。近年来，中国已经在工业废弃物利用领域做出了较大的技术进步，并得到了工艺相对完善，运行条件比较稳定的经验。

粉煤灰主要来自高温煤电厂的粉煤喷烧，将煤炭磨成粒径在0.1mm以内的煤粉锅炉后，经加热气流喷入煤仓中形成悬浮状焚烧，最后形成的高温烟尘，经除尘器后被分离出来，回收后即成粉煤灰综合利用。中国粉煤灰水泥的排出方式主要分为干法和湿法两类，干法主要是把回收的飞灰直接送入灰仓，或用铁钉状泵外排出。而湿法则主要是将水泥的综合利用，经由管网或用高压水冲排送至灰场。水泥搅桩主要包含灰渣分排和灰渣混排，目前在中国的主要工厂都使用混凝土搅桩排输。中国粉煤灰的综合利用总量随着采煤和电力行业开发的同步上升，平均每年开发 1 万度电约排灰 1 万吨。近年来，将中国粉煤灰储存于贮灰厂的部分也开始广泛使用。但由于目前开发与利用资源的不平衡，全国仅有 50% 以下的粉煤灰进行了开发利用，另外还有约 50% 进入贮灰区或进入河流。而据统计，目前全国粉煤灰的累积存放量已达到了 5 亿吨，面积约 24 万亩。

5.4.2 基市原理

粉煤灰水泥的物理化学特性，受煤炭的种类、煤粉的细度、焚烧方法、气候条件和粉煤灰综合利用的收集方式与排灰方法等各种因素的制约。

从构造和形状上来说，粉煤灰是由各种大小不等，形状不同的粒子构成的。主要包括：

①球形颗粒沉珠：比例超过一的玻璃球体，如富钙玻璃微珠(主要由氧化钙组成，物理化学活力好)，或富铁玻璃微珠(主要由氧化物铁、三氧化二铁构成，富有强磁性，所以又叫铁磁珠。

②不规则的多孔微粒，分为多孔炭粒，多孔性的铝硅玻璃体和漂珠。多孔炭粒是指未燃尽的煤炭，比重和容重都很小，但粒度和比表面积都大，可和活化碳比较，但对粉煤灰的综合利用性能有不良影响，因为粉煤灰综合利用制品的硬度和机械性能都随着含碳量的提高而降低。多孔性氧化物铝硅玻璃体中包含大量氧化物铝和二氧化硅，并有很大的比表面积。这一类玻璃体在生成过程中，有的因局部气体逸出时而产生开放式孔穴，表面呈现蜂巢样构造；也有的因局部空气未逸出时，被包围于微粒内而产生零点五封闭性孔穴，内部呈现蜂巢样构造。漂珠是指比重小于 1 的封闭性孔穴的玻璃体，是一种多功能的新材料，可作为隔热材料、隔音填料等。

从物理化学性质上来看：

①外观和色彩：外表和水泥相当，但色彩是粉煤灰的一个关键技术指标，色彩越深，质量就越低。

②物理参数：比重 1.5~2.8g/cm³(低钙灰 1.8~2.8g/cm³，高钙灰 2.5~2.8g/cm³)；容重：松散干容重为 600~1000kg/m³，压实容重为 1300~1600kg/m³，最大容重为 1700kg/m³；比表面积为 2700~3500cm²/g；孔隙率为 60%~75%；细度为 0.5~100μm；需水量计算方式为，粉煤灰

需水量=粉煤灰水泥胶砂需水量/基准水泥胶砂水量。

③化学成分：与黏土相似，大多为一些金属氧化物及微量元素。成分与所占比例大约为二氧化硅(40%~60%)、三氧化二铝(20%~30%)、三氧化二铁(4%~10%)、氧化钙(2.7%~7%)、氧化钠及氧化钾(0.5%~2.5%)、三氧化硫(0.1%~1.5%)。

④粉煤灰功能：A. 粉煤灰的功能：粉煤灰自身虽不具备单独的强硬特性，但当其和石灰、混凝土等碱性物质加水搅拌之后，便会在空气中逐渐变硬，再在水中又进一步变硬，这便是粉煤灰的主要功能。B. 粉煤灰功能的开发：粉煤灰的物理化学活力是蕴藏的，需要通过引发剂激活后才能释放出来的。目前常见的水泥引发剂包括：碱性激发剂、硫酸盐、纯碱、卤化物等。选用引发剂时必须考虑的是烈碱产生会提高钢筋的碱骨料反应的风险，氯化物也可能导致钢筋中的钢筋材料腐蚀。

5.4.3 实例

1. 粉煤灰活性的激发

(1)以石灰和石膏作激发剂的蒸汽养护法：

反应系统包括碱性激发和硫酸盐激发。碱性激发反应过程如下：

$$mCa(OH)_2+SiO_2+(n-1)H_2O \rightarrow mCaO \cdot SiO_2 \cdot nH_2O$$
$$（水化硅酸钙-CSH 凝胶）$$

$$mCa(OH)_2+Al_2O_3+(n-1)H_2O \rightarrow mCaO \cdot Al_2O_3 \cdot nH_2O$$
$$（水化铝酸钙-CAH 凝胶）$$

硫酸盐激发反应过程如下：

$$mCaO \cdot Al_2O_3 \cdot nH_2O+CaSO_4 \cdot 2H_2O \rightarrow$$

$$
\begin{cases}
（石膏充足）\rightarrow mCaO \cdot Al_2O_3 \cdot 3CaSO_4 \cdot (n+2)H_2O \\
\qquad （三硫型水化硫铝酸钙，简称 E 盐） \\
（石膏不充足）\rightarrow 3CaO \cdot Al_2O_3 \cdot CaSO_4 \cdot 12H_2O \\
\qquad （单硫型水化硫铝酸钙，简称 M 盐）
\end{cases}
$$

(2)以石灰和水泥为激发剂的蒸压养护方法：

激发剂为石灰、水泥、石膏，采用高温高压蒸汽养护，水化反应系统如下：

$$\left\{\begin{array}{l} CaO-SiO_2-H_2O \\ CaO-Al_2O_3-H_2O \\ CaO-Al_2O_3-SiO_2-H_2O \\ CaO-Al_2O_3-CaSO_4-H_2O \end{array}\right.$$

(3)以水泥熟料和石膏为激发剂的常温激发方法：

包括了一次水化反应和二次反应两个方面，一次水化反应是在水泥熟料中存在了75%的硅酸钙和部分铝酸三钙 C_3A 后，遇水水化形成水化硅酸钙胶状，并分解为氢氧化钙。二次反应则是将混凝土中的活力二氧化硅与活泼三氧化二铝在混凝土水化析出的氢氧化钙刺激下分别形成 CSH 与 CAH，在氢氧化钙影响下，CAH 进一步与石膏形成 E 盐。

$$\begin{array}{l} C_2S \\ C_3S \end{array}+H_2O(一次水化)\rightarrow\begin{array}{l} C_2SH \\ C_3SH \end{array}+Ca(OH)_2\rightarrow\begin{array}{l} CSH \\ CSH \end{array}+石膏\rightarrow E\ 盐$$

水化反应的长期进行，保证了硬化体的强度增长和耐久性。

2. 粉煤灰循环利用途径

(1)粉煤灰砖的制备

将粉煤灰脱水、石灰消化、石膏破碎后按比例进行配料并搅拌均匀，粉体材料与水接触后发生消化（$CaO+H_2O\rightarrow Ca(OH)_2$），胶凝（$SiO_2$，$Al_2O_3+CaO\rightarrow$凝胶物质）等过程逐渐硬化，将硬化块成型为砖，并利用饱和蒸汽对砖坯进行湿热处理。加快水化反应进行，达到砖坯中胶结料的凝结硬化。通常养护方法为常压养护：采用砖或钢筋混凝土构筑蒸汽养护室。$P_表=0$，$T=95\sim100℃$。高压养护条件：采用高压釜。$P_表=8.106\times10^5-1.15\times10^6Pa$，$T=174\sim200℃$。

(2)粉煤灰加气混凝土的制备

由于粉煤灰中含玻璃微珠，空隙率较大，因此采用粉煤灰生产硅酸盐砌块，是中国近年来研究的一项高新型材料，可代替普通混凝土。其工艺为将粉煤灰、石灰、石膏、煤渣等与松香皂、铝粉及水进行混合并搅拌振动成型，经过养护后得到砌块。优点：在长期保养的流程中，因为发泡剂的影响，在其内部结构产生了很多小孔隙，所以具备优异的保温特性、吸音等特性。容重小，为轻质高墙的墙体建筑材料。一般标准水泥容重 $2000\sim2400kg/m^3$，而加气混凝土为 $650\sim700kg/m^3$。

(3)粉煤灰混凝土掺合料

目前在重大工程的大坝水泥中大批添加了粉煤灰水泥，已形成综合利用粉煤灰的一个重要途径。在适当的掺灰配比下，用 1kg 磨细的粉煤灰可代替 1kg 水泥。其好处主要有：降低水化热，粉煤灰中能大大降低了混凝土的水化热能；增加和易性，因为粉煤灰中存在着巨大的空心玻璃微珠；粉煤灰的后期强度高。

（4）粉煤灰精选炭、磁选铁

粉煤灰含炭量与煤质、燃烧方式等诸多因素有关，大约在 5%～30%。对于建筑工业来说，粉煤灰含炭量超过 8% 会影响粉煤灰制品（建材和漂珠）的质量，应当分选回收其中的炭。

磁选铁：在密实的微珠中，有一小部分含氧化铁较高的富铁微珠，叫做磁珠，含量一般在 4%～20%，最高可达 43%，可用磁选机进行磁选，回收率达 40%。三氧化二铝一般要达到 25% 方可回收。

（5）粉煤灰作吸附剂、制分子筛

吸附剂：含汞废水用粉煤灰在 pH=7 的条件下进行吸附，除汞率可达 99%。在处理汞时，粉煤灰综合利用的热吸收特性明显高于粉末活性炭材料。

分子筛：粉煤灰与纯碱、氢氧化铝按 1：1.5：0.13 的比例进行焙烧、水洗和活化后能制成分子筛。

（6）粉煤灰提取漂珠（空心玻璃微珠）

粉煤灰中一般含有 15%～20% 的漂珠，其细度为 0.3～100μm。将粉煤灰按照如下工艺：

粉煤灰→分选器（得重物质）→分离器（得空心玻璃微珠）→收集器→超细微珠进行处理，所制备的空心玻璃微珠。可用作耐火、防火、隔热、隔音、高强度、轻质建筑材料；填料、催化剂、人造革；军用刹车片、摩擦片等领域。

（7）粉煤灰用作土壤改良剂

粉煤灰中的硅酸盐颗粒和炭粒之间的多孔性，是由土地自身的硅酸盐类颗粒所不能形成的。另外，粉煤灰颗粒内部的空隙程度，通常也等于粘结了的土层的空隙程度。当粉煤灰施入泥土，除了其颗粒中、微粒之间的缝隙之外，粉煤灰和土粒之间还可能连成了无数个"羊肠小道"，为植株根吸收创造新的路径，形成运送营养物质的交通网络。粉煤灰颗粒内部之间的空隙则可成为废气、水分和营养物质的"贮藏库"

若将粉煤灰综合利用施入土壤，则可提高了土壤的这种毛细管效果和溶剂在土层中的传播能力，进而控制了土壤的含湿量，从而促进植株根系的对养分的吸取和分泌物的排泄，从而促使了植株的正常发育。

粉煤灰能影响对土壤机械组成，黏质土壤若加入粉煤灰综合利用后，可显得疏松，黏粒降低，砂子量提高。盐碱土壤加入了粉煤灰，除更加疏松之外，还能发挥抑酸功能。如某盐碱类型土地，在春季播种前容量为 1.26，后每亩施用粉煤灰综合利用 $2×10^4$ kg，入秋后容重降到 1.01，与肥沃土质容重相当。

粉煤灰对土层温度的影响；粉煤灰所产生的灰黑色物质有利于其吸收热能，施入土壤，一般能使上层提高至气温的 $1~2℃$。有调查证实，平均亩产施用石灰 1250kg，地表气温 16℃，平均亩产施用石灰 $5×10^3$ kg，地表气温 17℃。土壤气温的升高，有利细菌活动、营养物质转移和种子萌芽。

粉煤灰增加土壤肥力以粉煤炭作硅源，配加适当比重的氢氧化钾，在 $700~800℃$ 处锻烧，即可生产粉煤灰水泥硅钾肥（K_2SiO_3）。这些肥料，主要包括了作物生长发育所需要的硅和钾元素。K_2SiO_3 是一类枸溶性化合物，可以溶于约 20% 的枸溶性酸中。而植株根系恰恰也可以产生出枸溶酸，能够将 K_2SiO_3 溶解后给植株在较长时间内均匀地吸收，所以吸收率也相当高。通过利用电厂旋风炉，在煤粉中添加少量钾盐，可进一步制造出适合于水稻生长发育要求的粉煤灰，综合利用了硅钙钾石盐。这些肥料可以很有效地提高稻米抗病、耐干旱、抗倒伏性能力，也可以改善稻米质量，缩短成熟期，增产效益一般在 10% 左右。以粉煤灰的综合利用为主要原材料，再按各种作物品种和土质的要求，配加一定配比的 N、P、K 等成分后，在强磁力场内处理后，可制成粉煤灰的综合利用磁化肥。这些化肥都有调控生物成长的磁性，能够促使作物生长发育、激活环境和改变其内部结构，从而实现作物增产。其施用量并不大，但基本相当于一般的商品肥料。

采用发电厂旋风炉技术，在煤粉中加入相应配比的磷灰石粉末，先进行高温锻烧后急冷处置，然后再进行粉碎，即可制得粉煤灰的综合利用高磷素肥。这些肥料的主要营养元素都是 $Ca_4P_2O_9$，但也存在枸溶性。因为他们中除了富含硅、钙、磷、钾等外，还富含植株生长与发育所必需的微量元素，对粮食作物、果蔬、食用菌类等有显著增产作用。

5.4.4　思考与讨论

1. 工矿业废渣可以分为哪几类？其产量如何？
2. 请指出粉煤灰的来源、分类、主要成分和危害。
3. 粉煤灰的烧失量是什么？怎么测定？
4. 粉煤灰砖成型后进行养护的作用是什么？有什么需要注意的？
5. 粉煤灰肥料的应用前景如何？经济上是否合适？

5.5　农林废弃物制备活性炭

5.5.1　实验目的

农林废弃物是农业固体废弃物的重要组成，一般分为废弃秸秆、稻壳、粮食菌基质、边角料、薪柴、干皮、花生壳、树杈柴、卷皮、刨花等，既是一个巨大的农业生物质资源，也是巨大的工业可再生资源。农林废弃物成为生物质能的重要组成部分，其研发与使用一直受到人们的普遍重视，是中国能源研发与环保应用领域发展的新热点话题。各种类型的农业废弃物资源利用，有着截然不同的潜在效率。中国国家从 20 世纪 80 年代开始，就把农业微生物能量开发与利用列入我国着重科技攻关，通过近几年的技术研发与攻关，目前全国农业废弃物再利用要点有：①农林垃圾再气化发电。气化是指在高温下将废弃物与气化剂反应得到小分子可燃气体作用发电。②木质成型能源。一般是指使用直接燃料农林废弃物以获取热量，是目前对农林废弃物开发利用的最重要方法。将木材垃圾经高压，压缩成细棒状、颗粒状的质量坚固的成型物，该成形燃料既可用于锅炉燃烧、家庭采暖等，也能够进行加热而成为活性炭。③液化性制取的燃油乙醇。将垃圾放置于高压装置中，通过加入催化剂在特定条件下液化为完全液化燃油，可成为车辆用燃油，又或者说是使用水解法将微生物中的化纤素、半纤维素等转变为多糖，再经乳酸菌作用而形成乙醇。

农林废弃物都源于植被，一般是由 C、H、O、N、S 等所构成，是绿化植被光合作用的重要产物，和化石能源如原油、煤、石油等一样，还具有以下特征：

①可再生力。众所周知传统的化石资源都是不可再生能源，如果大规模利用这些资源将会出现巨大的能源危机。农林废弃物取自植被，但能够利用绿色植物的光合作用进行再造，如核能、风电、潮汐能等均是能源。

②可持续性。国家"十二五"计划明确提出了中国经济社会发展的可持续性，在这里面就涉及资源的可持续性。农林废弃物因为存在可再生性，所以，必须经过科学合理的使用、科学合理的规划才能达到其持久性。

③资源丰富。中国作为农业国家，生物质类型数量众多、分布范围广阔，资源丰富。调查数据指出，中国年均农林废弃物量超过 7 亿吨，可作为生物燃料使用的数量大约有 3.5 亿人次，相当于 1.8 亿吨的标准煤，且能源资源充足，利用潜力很大。

④利用方式多样性。针对于农林废弃物的性质，目前农林废弃物的再利用方法一般是利用热能转换、再生物转化等技术，将其转变为生物柴油、燃料甲醇或含氧燃气来取代传统化石燃料，又或者利用直接气化技术，将其转变为生物能源再加以使用。

5.5.2 基市原理

稻秆等由可再生资源制取的活性炭，吸附时有很大的比表面积和发达的孔隙空间，不但对常规物质(总磷、总氮、氨氮和化学需氧量(COD))有明显的吸收效果，而且同时还能够消除水中的有色重金属。秸秆活性炭的吸收受到许多因子的限制，包括秸秆类型、炭化温度、活化时间、预处理方法等。利用不同类型的秸秆生产活性炭，其理化性质存在一定差异。棉花秸秆制备的活性炭可以有效去除苯酚、苯胺、苯甲酸和水溶性有机污染物；用秸秆制备的活性炭可以有效去除乙烯。

提高比表面积，改变秸秆的气孔结构是改善秸秆活性炭质量的关键技术。使用酸(HNO_3、H_2SO_4、H_3PO_4)等、碱(KOH、$NaOH$)等、盐($ZnCl_2$、$NH_4H_2PO_4$、K_2CO_3)等作活化反应剂，可改善秸秆活力炭的比表面积和空隙构造。以小麦秸秆为原材料，与在 800℃ KOH 活化环境下生产的活性炭，拥有很大的比表面积($2442m^2/g$)和丰富的孔隙结构($1.56cm^3/g$)。原材料和生产设施的选择是改善秸秆活性炭吸附效果的关键，经过对秸秆活力炭的比表面积和孔隙结构特点的分析表明，秸秆活力炭在工业废水处置和室内空气清洁领域中，具有更广泛的应用前景。

由于秸秆活性炭的制备受秸秆种类、加热条件和活化剂的影响，制备过程较为复杂，制备工艺和方法不完善。缺点是生产效率低，使用寿命短，效率低，产品简单，污染物吸附范围窄。

5.5.3 实例

1. 农业秸秆制备活性炭的可能性

据统计，中国秸秆产量已超过 $1.0×10^9$t，占世界秸秆产量的 10% 以上。在发展中国家，秸秆种植普遍，但往往未得到充分利用，随意堆放和室外焚烧造成环境污染。秸秆的利用主要包括还田施肥、生物质发电、厌氧消化产沼气、秸秆气化产生物质气。高温热解制备秸秆活性炭吸附材料也是秸秆利用的一种重要途径。制备活性炭是充分利用秸秆资源，减少秸秆对环境污染的一种有效方法。秸秆活性炭具有明显的吸附性能，比燃烧热能具有更高的利用价值。与其他利用方法相比，秸秆热解可快速生成活性炭。活性炭和生物质气是在水解过程中产生的，具有很高的利用价值。秸秆热解制得的活性炭可以在短时间内处理大量秸秆，且产品可长时间存放，对于有效解决秸秆焚烧造成的环境污染更具创新性。

由于原料的不同，秸秆活性炭的制备方法不同于传统的煤基活性炭和木质活性炭，对秸秆性质和制备方法的分析对提高秸秆活性炭的质量和应用价值具有重要意义。对小麦秸秆、水稻秸秆、玉米秸秆、大豆秸秆、棉花秸秆、大麦秸秆、油菜秸秆、大麻秸秆和芝麻秸秆的制备进行研究。玉米秸秆、小麦秸秆、水稻秸秆、甘蔗秸秆和油菜秸秆占秸秆总质量分别为 20%、15%、20%、6% 和 5% 以上。中国每年生产的秸秆超过 10 亿吨。不同作物秸秆的组成存在一定差异。秸秆固定碳含量约为 14%~18%，挥发分含量约为 15%，氧元素含量为 40%~50%，硫、氮元素含量均低于 3%，灰分含量大多在 10% 以下，但部分水稻秸秆灰分含量高于 15%，这与稻田灌溉水灰分含量有关。选用高含碳量、低灰分的秸秆是制备优质活性炭的关键。

2. 秸秆活性炭的主要制备步骤

以秸秆废弃物为原材料生产活性炭，主要分为炭化和活性两部分。

炭化是在放射性废气中加热原料，使挥发性产物从含碳材料基体上的原子通道中逸出，从而产生孔隙，提高比表面积的化学过程。活化方法分为生物化学法、物理学法和物理化学法。最常用的物理化学方法有生产效率高、能耗较少的优点。这种制备方法既可以采用微波加热，也可以采用高温炉加热。酸、碱性亚硫酸盐及其他催化剂可用于物理化学方法通过先活化秸秆，活化剂容易残留在秸秆材料上，残留的活化剂对炭化设备有腐蚀作用。秸秆活性炭的制备通常是先炭化后活化。活性炭的炭化和活化是制备活性炭的关键。为了增加活性炭的含量，必须对杂质进行筛选和化学去除。以秸秆为原料，在氮气条件下制备活性炭，以避免碳的损失。为了提高炭化活化效率，在炭化活化前需要进行破碎处理。

制备过程具体操作步骤如下：（1）将原料秸秆清理、筛拣、干燥、粉碎，过 30 目筛，备用；（2）称取粉碎好的原料秸秆 10g 放入瓷坩埚中，同时加入所需比例一定浓度的活化剂溶液，搅拌混匀，将混匀的料液在室温下浸渍段时间；（3）将浸渍好的料液放入高温马弗炉中，从室温升至所需活化温度，升温速率为 10℃/min，保温一定时间；（4）将活化好的样品从高温马弗炉中取出，冷却后，将样品倒入(1+9)盐酸水溶液中，再将样品用 70℃~80℃ 热水洗涤至 pH 近中性，同时将洗涤液回收、浓缩后循环回用；（5）将洗涤好的样品放入电热鼓风烘箱中，110℃烘 4h，在干燥器中冷却；（6）将样品粉碎过 200 目筛，以进行产品性能分析。

3. 秸秆活性炭的性能表征

材料表征是分析材料性能的重要手段。通过表征，充分了解秸秆活性炭的孔隙结构特征，这将有助于有效改善秸秆活性炭的孔隙结构，以充分利用秸秆活性炭。

活性炭的表征包括物理表征和化学表征。物理表征包括密度(容重、表观密度等)、机械强度(磨料强度、抗压强度等)、表面性质(表面形貌、表面官能团、电动电势等)、孔隙结构(比表面积、孔隙大小、孔隙体积等)和吸附性质，化学表征包括晶体结构和重金属含量。吸附性能的表征一般包括水容量、碘吸附值、亚甲基蓝吸附值、苯酚吸附值、四氯化碳吸附效率、饱和硫容量、四氯化碳解吸效率等。通常用碘和亚甲基蓝吸附值来评价活性炭的吸附性能。

4. 秸秆活性炭的影响因素控制

秸秆活性炭的特性受原料、活化剂、活化温度和活化时间的影响较大。

例如，芦苇秸秆活性炭的比表面积较高，除与炭化和活化剂作用有关外，还与其丰富的孔隙结构有关。芦苇秸秆中碱金属含量比其他秸秆丰富，可以促进热解过程的均匀松弛。当 KOH 作为芦苇的活化剂时，活化过程中消耗的碳主要生成 K_2CO_3，有利于打开秸秆活性炭孔隙，提高芦苇秸秆活性炭的比表面积。活化温度、活化时间、炭化温度和浸渍比是影响秸秆制得活性炭的比表面积的主要因素。同时进行炭化和活化有助于减少炭化和活化过程。在较低温度下活化时间较长，但制得的秸秆活性炭灰分含量较低。提高活化温度可以缩短活化时间，但制得的秸秆活性炭灰分含量较高。因此，需要结合灰分、孔隙度和比表面积指标确定不同秸秆的最佳活化温度。活化剂也是一个重要因素。以秸秆为原料，以 NaOH 为活化剂制备的活性炭的比表面积明显高于其他酸盐活化剂，主要原因是秸秆 NaOH 对非碳原子的去除率较高，制备的活性炭孔结构更发达。煤基活性炭的比表面积为 $600 \sim 1000 m^2/g$，明显低于一些秸秆活性炭(如棉花秸秆和芦苇秸秆)的比表面积。

秸秆总孔容积是表征秸秆活性炭性能的重要指标，较大的总孔容积有利于去除水中污染物。各类秸秆活性炭的总孔容积均小于 $3.0 cm^3/g$，大部分在 $0.5 \sim 1.5 cm^3/g$ 范围内。不同秸秆活性炭的总孔容积不同。即使是同一种稻草活性炭，在不同的制备条件下，其总孔体积也不同。除原料外，炭化和活化条件对总孔体积有明显影响。向日葵秸秆和大麻秸秆活性炭的总孔容积明显高于其他秸秆活性炭，在分析秸秆活性炭时不仅要考虑比表面积和总孔容积，而且活性炭生产效率也是一个重要因素，活性炭产率与秸秆制得的活性炭的价值密切相关。秸秆活性炭的产量为 $20\% \sim 50\%$，高温不利于活性炭产率的增加，低温不利于比表面积和总孔体积的增加。应综合考虑各种因素，提高秸秆制活性炭的利用价值。由于单一物理激活效应不明显，相关研究较少。物理活化与化学活化相结合仍是未来研究的重点。

碘和亚甲基蓝在活性炭上的吸附值反映了其吸附特性。由于秸秆的主要成分与木质材料相似，因此秸秆活性炭的评价是以木质活性炭为标准，目前常用碘吸附值和亚甲基蓝吸附值来评价秸秆活性炭的吸附性能。

活化剂对秸秆活性炭的碘吸附值一般在 700~2000mg/g，超过了我国现行的植物基活性炭标准(>400mg/g)。但未添加活化剂的秸秆活性炭对碘的吸附值明显较低，因此，利用催化剂对秸秆活性炭进行活化是非常重要的。秸秆活性炭经活化剂吸附亚甲基蓝的能力主要为 110~400mg/g，除水稻秸秆活性炭外，均能满足国家标准中大于 120mg/g 的标准要求。与碘的吸附相似，未添加活化剂的秸秆活性炭对亚甲基蓝的吸附明显降低。

5.5.4 思考与讨论

1. 农林废弃物可以分为哪几类？其年产量分别为多少？哪些可以用来制备活性炭？

2. 活性炭在污水处理、废气处理和固体废物处理领域分别能起到什么作用？

3. 在制备活性炭过程中，有哪些因素会影响活性炭成品的吸附性能？

4. 秸秆制备活性炭为什么还未能得到广泛应用？

5. 活性炭的再生为什么很重要？有哪些再生方式？

札记

参 考 文 献

[1] 刘大海. 工业固体废物现状及环境保护防治措施[J]. 中国资源综合利用, 2017, 35(07): 55-57.

[2] 张金莲, 丁疆峰, 卢桂宁, 党志, 易筱筠. 广东清远电子垃圾拆解区农田土壤重金属污染评价[J]. 环境科学, 2015, 36(07): 2633-2640.

[3] 徐志强. 我国固废资源化的技术及创新发展分析[J]. 应用能源技术, 2021(03): 19-21.

[4] 牛莎莎. 试论我国固体废物污染与无害化处理技术[J]. 资源节约与环保, 2020(07): 133-134.

[5] 尹洁林, 葛新权, 郭健. 大学生电子垃圾回收行为意向的影响因素研究[J]. 预测, 2012, 31(02): 31-37.

[6] 郭学益, 严康, 张婧熙, 黄国勇, 田庆华. 典型电子废弃物中金属资源开采潜力分析[J]. 中国有色金属学报, 2018, 28(02): 365-376.

[7] 任芝军. 固体废物处理处置与资源化技术[M]. 哈尔滨: 哈尔滨工业大学出版社, 2010.

[8] 俞淑芳. 建筑垃圾的综合利用[J]. 国外建材科技, 2005(02): 37-39.

[9] 赵丽华, 赵中一. 固体废弃物处理技术现状[J]. 环境科学动态, 2002(03): 26-27.

[10] 王琪. 我国固体废物处理处置产业发展现状及趋势[J]. 环境保护, 2012(15): 23-26.

[11] 马国栋. 秦山第二核电厂三废处理系统的运行和管理[J]. 产业与科技论坛, 2016, 15(14): 72-73.

[12]李强林，彭明江．电子废弃物资源化利用[M]．重庆：重庆大学出版社，2017.

[13]孟彩英．城市生活垃圾分类回收管理问题探讨[J]．人民论坛，2015(21)：147-149.

[14]聂永丰，董保澍．中国固体废物管理与减量化[J]．环境保护，1998(02)：6-9.

[15]石峰，宁利中，刘晓峰，王庆永，董彦同．建筑固体废物资源化综合利用[J]．水资源与水工程学报，2007(05)：39-42.

[16]胡涛，吴玉萍，张凌云．我国固体废物的管理体制问题分析[J]．环境科学研究，2006(S1)：33-39.

[17]胡斌．我国医疗废物管理法律制度研究[D]．贵阳：贵州大学，2019.

[18]鞠美庭，李维尊，韩国林．生物质固废资源化技术手册[M]．天津：天津大学出版社，2014.

[19]李秋义．建筑垃圾资源化再生利用技术现状[M]．北京：科技出版社，2011.

[20]廖利．城市垃圾清运处理设施规划[M]．北京：科技出版社，2000.

[21]陈永贵，张可能．中国矿山固体废物综合治理现状与对策[J]．资源环境与工程，2005(04)：311-313.

[22]李金惠，聂永丰，白庆中．中国工业固体废物产生量预测研究[J]．环境科学学报，1999(06)：625-630.

札记